走遍身边的科普场馆
——深圳篇

ZOUBIAN SHENBIAN DE KEPU CHANGGUAN ——SHENZHEN PIAN

辛世民　主编

中国地质大学出版社
ZHONGGUO DIZHI DAXUE CHUBANSHE

图书在版编目（CIP）数据

走遍身边的科普场馆. 深圳篇 / 辛世民主编. —武汉：中国地质大学出版社，2022.11
（畅游科普基地系列丛书）
ISBN 978-7-5625-5130-0

Ⅰ.①走… Ⅱ.①辛… Ⅲ.①科学普及 – 普及教育 – 概况 – 深圳 Ⅳ.① G322.7

中国版本图书馆 CIP 数据核字（2022）第 176301 号

走遍身边的科普场馆——深圳篇

辛世民　主编

责任编辑：郑济飞	责任校对：徐蕾蕾
出版发行：中国地质大学出版社（武汉市洪山区鲁磨路 388 号）	邮编：430074
电话：（027）67883511　　　传真：（027）67883580	E-mail:cbb@cug.edu.cn
经销：全国新华书店	http://cugp.cug.edu.cn
开本：880mm×1230mm　1/12	字数：372 千字　　印张：18.5
版次：2022 年 11 月第 1 版	印次：2022 年 11 月第 1 次印刷
印刷：武汉中远印务有限公司	

ISBN 978-7-5625-5130-0　　　　　　　　　　　　　　　　　　　　　　　　定价：198.00 元

如有印装质量问题请与印刷厂联系调换

主编简介

eyes168@yeah.net

辛世民，山东莱州人，深圳市科普教育基地联合会创会发起人，现任秘书长。近年来，致力于推进全域科普事业发展，推进科普产业社会效益和经济效益的可持续发展，积极践行国家"科教兴国"战略。在科普教育研学、产业孵化培育、科普公益服务、科普示范基地、特色品牌建设、科普活动策划等方面，沉淀有丰富的实操经验和独到的见解。2020年12月，荣获科技部、中央宣传部、中国科学技术协会联合授予的"全国科普工作先进工作者"光荣称号，成为深圳市唯一获此殊荣的科普教育工作者。

《走遍身边的科普场馆——深圳篇》编委会

主 编 单 位：深圳市科普教育基地联合会

主　　　编：辛世民

编委会委员（排名不分先后）：

　　　　　　吴　昊　孙延波　孙雪峰　何娅芬　赵钧妮

　　　　　　辛世舜　伍天殊　詹凯频

编　　　务（排名不分先后）：

　　　　　　莫　晶　周星宇

文 字 整 理（排名不分先后）：

　　　　　　丘永红　陈　静　林秋燕　杨杰霖　莫剑华

　　　　　　吴小容　郑晓莹　杨思吉

装 帧 设 计：刘　潇　梁嘉琪

序 言

走遍身边的科普场馆——深圳篇

　　科普是公益事业，利在当代，功在千秋。

　　党中央、国务院高度重视科普工作。我国是全世界第一个、至今仍然是唯一一个颁布并实施《科普法》的国家。中共中央办公厅、国务院办公厅近期印发《关于新时代进一步加强科学技术普及工作的意见》。国务院已经两次印发《全民科学素质行动规划纲要》，提出明确的公民科学素质建设目标、举措和路径。《深圳经济特区科学技术普及条例》自2020年1月1日起实施，深圳市科普工作正式步入法治化、规范化、长效化轨道，对我国科普工作具有里程碑和划时代意义。

　　科普，是全社会的共同责任。

　　早在20世纪80年代，深圳便建立了深圳市科学馆，用于开展大众科普展览教育、科普宣传等，这也是国内最早建成的科普场馆之一。深圳众多企业、事业单位也把兴建科普基地作为履行社会责任的重要途径，推动科普教育蓬勃发展。科普赋能"双减"、服务研学、优化体验，科普与人们的日常工作生活融为一体、互相促进，方兴未艾。至今深圳已建成125家市级科普基地（包含科普示范点）。

PREFACE

新时代，需要新科普。

在深圳市科学技术协会的指导下，自2017起，深圳市科普教育基地联合会以传统的出版物与信息化等新技术相结合的方式，坚持每年出版《深圳科普地图》，成为公众了解全市科普场馆分布、展览特色的导览指南。历经6年沉淀，深圳市科普教育基地联合会汇集了最新信息，出版《走遍身边的科普场馆——深圳篇》。本书收录了深圳市82家科普基地及场馆，辅以200余幅精美照片及文字说明，引导广大市民走进科普基地，翱翔在科学的天空，畅游在知识的海洋，共同体验科学的魅力。

创新点燃科普，科普照亮创新。科普对于提高人们文明水平和地区创新能力具有不可或缺的重要作用，希望更多的科普基地能像本书收录的基地一样，多做科普，做好科普，在全社会营造热爱科学、崇尚创新的良好氛围。

吴仕高

广东省科学技术协会科普部部长

2022年10月

深圳科普行，没你真不行

走遍身边的科普场馆——深圳篇

后疫情时代，全国的科普活动已经进入全面恢复服务阶段，各种类型的科普活动精彩纷呈。三年疫情使民众更加关注科学知识，渴求参加各类沉浸式科普活动。作为科普教育工作者有义务为民众推荐优秀的科普资源，组织有趣的科普活动吸引更多民众互动交流，特别是如何保护青少年的探索欲和求知欲是科普教育工作者需要不断思考的问题。

为了探索科学奥秘，普及科学知识，提升民众科学素养，编者在整合深圳市科普资源的基础上，系统梳理、总结深圳市科普基地，编纂完成《走遍身边的科普场馆——深圳篇》科普图书。该书收录了82家深圳市的优秀科普基地，基地的科普内容涵盖低碳环保、海洋、能源、人工智能、自然科学、工业制造、生命健康、气象天文、交通运输等方面，意在激发民众探索科普知识。本书不仅可以作为民众及科普教育工作者了解深圳科普教育基地及科普资源的参考书，还可以作为深圳市中小学研学基地选用的参考书，更可以作为深圳市亲子旅游的参考书。因编者时间与能力有限，加之部分科普基地正在创建中，因此本书只收录了部分科普基地。

SHENZHEN KEPU

  在编纂本书的过程中，"小小科学家"们提供了大量精美图片，再次向所有提供素材的朋友和基地领导表示衷心的感谢！

  您的鼓励是我们前进的动力，未来我们将继续推出《大湾区科普资源》等系列科普书籍，现向您征集意见，以期能更好地为民众和各位科普教育工作者提供丰富的、有助益的科普类图书和资讯，感谢您的支持！

  最后，祝各位读者安康幸福！

欢迎扫码关注

欢迎预约体验

编委会

2022 年 10 月于深圳科学馆

目 录

宝安区

深能环保宝安能源生态园二期（中国垃圾分类科普教育基地）..................2
深圳市宝安科技馆..................4
斯派克 LED 照明工业文化科普产业展览馆..6
Let's Green 织染印游城..................8
深圳花田盛世科普教育基地..................10
恒悦未来科技科普中心..................12
深圳市海之洋贝壳博物馆..................14
深能环保宝安能源生态园三期（生活垃圾处理历史博物馆）..................16

光明区

光明农场大观园..................77
※ 深圳烙画科普基地..................80
深圳市育新学校（深圳市中小学德育基地）...82
时尚生态谷..................84
双晖现代农业..................86
依波钟表文化博物馆..................88
深圳市茵冠生物生命未来馆..................90

龙华区

深圳市龙华区市民健康体验馆..93
深圳红木家具博物馆..................96
深圳书城龙华城科普示范点....98

南山区

深能环保南山能源生态园（循环再生艺术展览馆）..................20
深圳市博尔国防科普基地..................24
深圳综合细胞库科普馆..................28
深圳野生动物园..................31
清华大学深圳国际研究生院..................34
贝尔自然探索乐园..................37
深圳大学城图书馆..................40
巨影 3D 创新创客科普教育基地..................43
深能妈湾电力科普教育基地..................46
※ 小笛的科学吧..................50
※ 水母星球·5D 专注力数字化训练基地....53
深圳市航天科普教育基地..................56
海能达通信科普基地..................58
达实智能物联网科普教育基地..................60
深圳书城南山城科普教育基地..................62
深圳中科创有限公司..................64
深圳智慧生活创想馆科普教育基地..................66
深爱人才馆..................68
海洋城市展厅——海洋科技旅游基地..................70
德艺皮具制造科普基地..................72
深圳市核子基因科技有限公司..................74

福田区

圳少年创新教育基地..................101
深圳市福田区科技中学..................104
深圳书城中心城实业有限公司..................108
深圳市运动损伤防治科普基地..................110
深圳海关食品检验检疫技术中心..................112
深圳市科学馆..................114
华强北博物馆..................116
深圳商报..................118
Free Sky 云际观光层..................120

龙岗区

深圳怡丰自动化科技有限公司.................123
深能环保龙岗能源生态园（水莲之境数字艺术展览馆）.................126
深圳中医药博物馆.................128
深圳市垃圾分类科普研学基地及新材料科普基地.................132
博雅极客教育基地.................136
※ 富翔航空俱乐部飞行营地.................138
※ 富翔航空龙岗体验馆.................140
※ 威圳航空飞机生产基地.................142
深圳市绿航星际太空科技研究院.................144
深圳技师学院科普基地.................146
龙岗区平安里学校慧雅创新学院.................148
深圳·红立方.................150
韩端人工智能产学研基地.................152
深圳蓄能发电有限公司科普基地.................154
中国丝绸文化产业创意园.................156
深圳市爱子乐阅读馆.................158

坪山区

深圳市坪山区中山中学.................181
力盟生命科普研学基地.................184
深圳市3D打印制造业创新中心.................187
齐心智慧产业实践科普基地..190

大鹏新区

国大生命科学研究院.................194
深圳大鹏半岛国家地质自然公园.................197
中国农业科学院深圳农业基因组研究所.................199
广东海洋大学深圳研究院.................201
华大海洋生物产业创新示范科普教育基地.................203

盐田区

深圳市安多福消毒科技有限公司.................161
深能环保盐田能源生态园（深圳市垃圾分类科普教育基地）.................165
深圳市华大基因学院.................167

罗湖区

深圳市仙湖植物园.................170
IBC珠宝艺术世界.................172
深圳市罗湖区中医院.................174
深圳市兰科植物保护研究中心...176
深圳珠宝博物馆.................178

深汕特别合作区

天子山农业公园..........206

※ 为截止图书出版前未申请成功的科普基地。

深能环保宝安能源生态园二期（中国垃圾分类科普教育基地）

深能环保宝安能源生态园二期（中国垃圾分类科普教育基地）外观图

基地概况

深能环保宝安能源生态园二期（中国垃圾分类科普教育基地）位于深圳市宝安能源生态园内。园区集垃圾处理、科研、科普教育、产业观光四大功能于一体，目前是全市面积最大、设施最多、综合处理能力最强、功能最齐全的现代化生态环境园。

市民通过展厅参观、现场观摩、多媒体互动与游戏体验、图文讲解、动手实践、科普大讲堂等形式，全方位了解垃圾对空气质量、土地质量、水体质量、城市质量的巨大影响。

基地特色

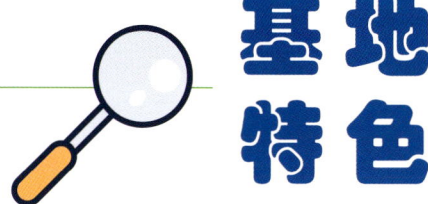

深能环保宝安能源生态园二期（中国垃圾分类科普教育基地）通过定制联动系统、C型幕、音频系统、视频软件系统、互动式科普软件等形式展示科普教育内容，充分发挥硬件性能，极大提高科普教育展示效果。科普教育内容包括但不限于垃圾分类、垃圾焚烧发电技术、垃圾前端分流分类、垃圾填埋工艺与环保文化理念等。

科普教育展厅专门设计配备了一套模拟垃圾吊抓斗投料游戏机和两台模拟垃圾吊抓斗娃娃机，寓教于乐，极大提高了科普教育活动的参与度和趣味性。

根据深圳市垃圾分类标准，科普教育展厅中的垃圾前端分流科普板块配备了各类垃圾模型，使市民对垃圾分类政策有更为直观的了解，有助于推动垃圾分类政策的实施。

出行方案

基地地址： 深圳市宝安区燕罗街道塘下涌社区老虎坑环境园内。

附近交通： 驾车下龙大高速或广深公路进入广田路，转入水泉路，即到达环境园。

接待时间： 周一至周日 09:00—17:00。

预约方式： 通过"深圳能源环保股份有限公司"微信公众号和深圳市生活垃圾分类科普预约平台进行线上预约。

深圳市宝安科技馆

基地概况

深圳市宝安科技馆占地 7400m^2，建筑面积近 15 000m^2，设有主题科普展厅、常设科普展厅、少儿科学启蒙展厅、学术报告厅等科普展教活动场所。该馆以科普展览、学术交流、科技培训、科技服务为主体，全年接待人数超过 30 万人次，是宝安区主要科普教育阵地之一，是国家级科普教育基地、广东省科普教育基地和广东省青少年科技教育基地。

宝安科技馆外观图

基地特色

宝安区科技创新服务中心以宝安科技馆为科普主阵地，每年在馆内举办主题科普展览、科普讲座，面向广大青少年开展"e宝课堂"公益培训、表演科普秀等活动；利用科普大篷车开展"流动科技馆进校园""科普实验秀进校园"活动，自编自导自演《疯狂的空气》等科普优秀作品在宝安区的中小学校巡回演出；开展"院士专家进校园"活动，每年邀请各领域的专家给青少年讲科学课；与教育部门联动，举办各类科技竞赛活动，如机器人比赛等。

出行方案

- **基地地址：** 深圳市宝安区新安街道龙井二路95号。
- **附近交通：** ①地铁站，5号线洪浪北站、灵芝站（A1出口）；
  ②公交站，新安影剧院站、三区金融街站。
- **接待时间：** 工作日10:00—17:00，节假日09:30—17:30，周一闭馆（节假日除外）。
- **预约方式：** 通过"宝安科技馆"微信公众号线上预约。

斯派克LED照明工业文化科普产业展览馆

斯派克科技园外观图

基地概况

  斯派克LED照明工业文化科普产业展览馆面积近2000m^2，分为绿色照明科技展区和绿色照明科技实验室，其中绿色照明科技展区分为LED家居照明、LED公共照明、LED商业照明、LED学校照明、LED工业照明、太阳能（家庭发电）照明、LED地铁照明、LED隧道灯、LED风光互补路灯、LED路灯、多功能智慧灯杆照明共11个展示区。覆盖衣食住行低碳生活的绿色照明科技展区，运用各种高科技手段，将光发展的历史、现状和未来，形象、直观地展示给观众。绿色照明科技实验室拥有面积约1000m^{2}的太阳能半导体照明产品公共测试平台及科研平台，是业内设备齐全的国家级实验室。该实验室与国内顶尖科研高等院校产学研联合，涵盖照明领域的半导体光学应用、智能驱动、散热系统、太阳能、风光互补、智能控制系统、多功能智慧灯杆照明、能源管理系统等学科领域，多学科的高级科研开发团队，在绿色照明研究方面成果显著，为基地科普宣传提供丰富的理论知识和业务指导。

基地特色

斯派克LED照明工业文化科普产业展览馆全年对外开放，针对中小学生、党政机关、事业单位等不同需求，设计了高水平的研学旅行、研学课程和实践活动，完善了展览馆研学旅行方案、研学课程体系、教育手册和教材。基地坚持校企合作推动工业文化研学，循序渐进地开发与照明相关的语言与文学、人文与社会、数字与逻辑、艺术与审美、道德与伦理、生命与健康、时间与创新、科学与技术等40门课程，促进学生德智体美劳的全面发展，培育未来LED照明工业文化发展的接班人。

出行方案

基地地址：	深圳市宝安区沙井街道步涌社区工业路2号。
附近交通：	①地铁站，11号线后亭站（B出口）； ②公交站，步涌市场站。
接待时间：	周一至周日09:00—17:00。
预约方式：	预约电话：0755-83904766（提前一天预约）。

Let's Green 织染印游城

基地概况

Let's Green 织染印游城占地面积 5000m², 可同时容纳 300 人参观体验, 全馆以纺织类科普和手工 DIY 玩乐体验为主。

场馆一共分为 3 层, 1 层和 2 层为商品卖场; 3 层为科普体验场域, 设有 2 间深度体验教室。馆内设有多个科普展示区域以及实体互动设备, 包含精彩的纺织印染科普展示、真人纺纱织布互动、玩转纤维实验室、染染实验室、乐印工坊、印染课堂、印花学府、染色车间实景揭秘、环保视频赏析、科技体感互动游戏、吉祥物互动合影。馆外有"What's this"想象绘画区、户外植物染材区等多个体验区。

场馆内设立了丰富的课程, 游客可以化身为纺织印染小达人, 创意制作布艺作品, 更可以一窥环保布料生产的奥秘。DIY 制作出来的作品, 不仅仅是一块布艺作品, 更是我们传达 (减"塑"新生) 环保理念的载体, 让来到这里的游客可以了解布料纤维的演变, 呼吁更多的人减少"塑"污染, 保护环境, 共同守护地球。

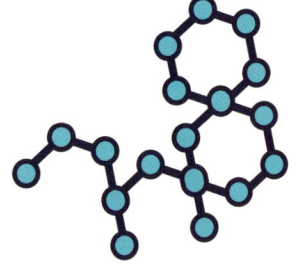

Let's Green 织染印游城外观图

基地特色

"What's this"想象绘画区 这是一大片计时限定的"水写画布区",人们可以利用布料的特殊工艺,尽情发挥想象,用自来水笔自由创作。

手纤摸一摸 亲手触摸天然纺织纤维,体验棉花、麻、羊毛、蚕丝的质感。

真人纺纱和织布互动 近距离感受纺织材料变成一根根纱线,再借助织布机把纱线纺织成布。

染整车间实景参观 观看真实的生产车间,了解生产的流程和机器,体验布匹染色过程。

出行方案

基地地址: 深圳市宝安区新发三路3号。

附近交通: ①地铁站,11号线马鞍山站(D出口);
②公交站,新桥高速路口。

接待时间: 周二至周日 09:00—18:00(最后入场时间为17:00,周一休馆)。

预约方式: 预约电话:0755-83904766,需提前预约。

深圳花田盛世科普教育基地

基地概况

深圳花田盛世科普教育基地是全国自然教育学校(基地)、广东省科普教育基地、深圳科普基地、深圳市环境教育基地、深圳市自然学校、深圳市绿色企业、宝安区中小学生校外劳动实践基地，是一家以苗木、花卉、草药种植，农产品生产、加工与销售，种质资源收集、保存与应用，农技培训、推广与应用，科普科教与观光旅游，农业咨询与策划服务，农业科研为主要业务的基地，致力于打造集科技创新、生产示范、休闲生态为一体的都市型现代农业科技示范基地，是建设深圳市都市型现代农业的科技创新平台，为市民提供一个寓教于乐的休闲场所。

园区现种植有各种蔬果和多种类型花卉，植物种类近千种，开发耕地面积200多亩（1亩≈666.67m²），另有2400m² 兰花组培实验室、蝴蝶兰生产示范基地和兰花展览馆，为不同年龄阶段的人群开设了农耕文化体验、科学小实验、农产品DIY、自然艺术创作、未来农业探索等课程。

深圳花田盛世科普教育基地外观图

基地特色

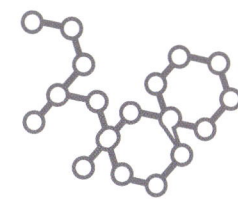

农耕文化体验

通过劳动体验，增强学生的动手能力，认识基本农作物的种植和培育方法，掌握农耕器具的用途、操作方法，了解现代农业的新型栽培方式，树立劳动最光荣的意识。通过劳动体验，体会食物的来之不易，从而懂得珍惜粮食，尊重劳动成果。

科学小实验

在科学实践过程中，掌握科学研究方法和实验操作守则。巩固所学知识，并对所学的知识进行延伸。引导学生试着去解决问题，促使他们进一步地学习，同时提高学生的动手操作能力。

农产品DIY

该课程包含桑葚、火龙果等蔬果采摘，美食DIY、手工DIY等，通过此类开放式课程培养学生热爱劳动以及创造美的意识，树立正确的劳动价值观，领悟肯动脑、勤动手的重要性。

自然艺术创作

从自然出发，创作的同时了解植物的相关知识，认识和分辨植物种类及其独特的生物特性。自然艺术创作要求手脑并用，在学习过程中激发学生的学习兴趣和想象力，培养他们的观察能力和动手能力。

出行方案

基地地址： 深圳市宝安区燕罗街道燕山大道100号花田盛世。

附近交通： ①地铁站，6号线松岗公园站（D口出）；
②公交站，燕山总站。

接待时间： 周一至周日09:00—18:00（团体参观需提前预约）。

预约方式： 通过"花田盛世"微信公众号线上预约。

恒悦未来科技科普中心

基地概况

恒悦未来科技科普中心位于深圳市宝安区新安街道，由深圳市恒悦创客空间有限公司 2018 年斥资全力打造，建设面积 350m^2，是以未来科技为主要内容的线下科普体验中心。中心设有 VR 党建体验区、AR 互动平台、Exa12 异次元太空探险 VR 大空间、AI 人工智能机器人展示区等多个新型产业体验区。

基地特色

VR 党建体验区 体验者通过 VR 体验设备系统体验"长征——强渡大渡河""长征——红军过草地""长征——红军翻雪山"革命历史。它让体验者身临其境地参与到历史事件中。

AR 互动平台 AR 互动平台的触控屏用于操作，显示屏用于展示，体验展厅漫游模块时，通过操控令牌的移动，切换显示屏上立体空间来体验十大展馆。展馆展示内容包括"砥砺奋进的五年""十九大精神""习近平新时代中国特色社会主义思想"等。

Exa12 异次元太空探险 VR 大空间 "Exa12 异次元太空探险"是一款冒险射击类多人 VR 游戏，是 VR 游戏中的世界领先之作，是为虚拟现实量身打造的。它可以让玩家全身心沉浸在极具深度的探索环境中。游戏拥有探索、战斗射击等多种模块，玩家可以在游戏环境中自由移动，通过切换游戏"子弹"、操控游戏工具进入不同战斗场景等。

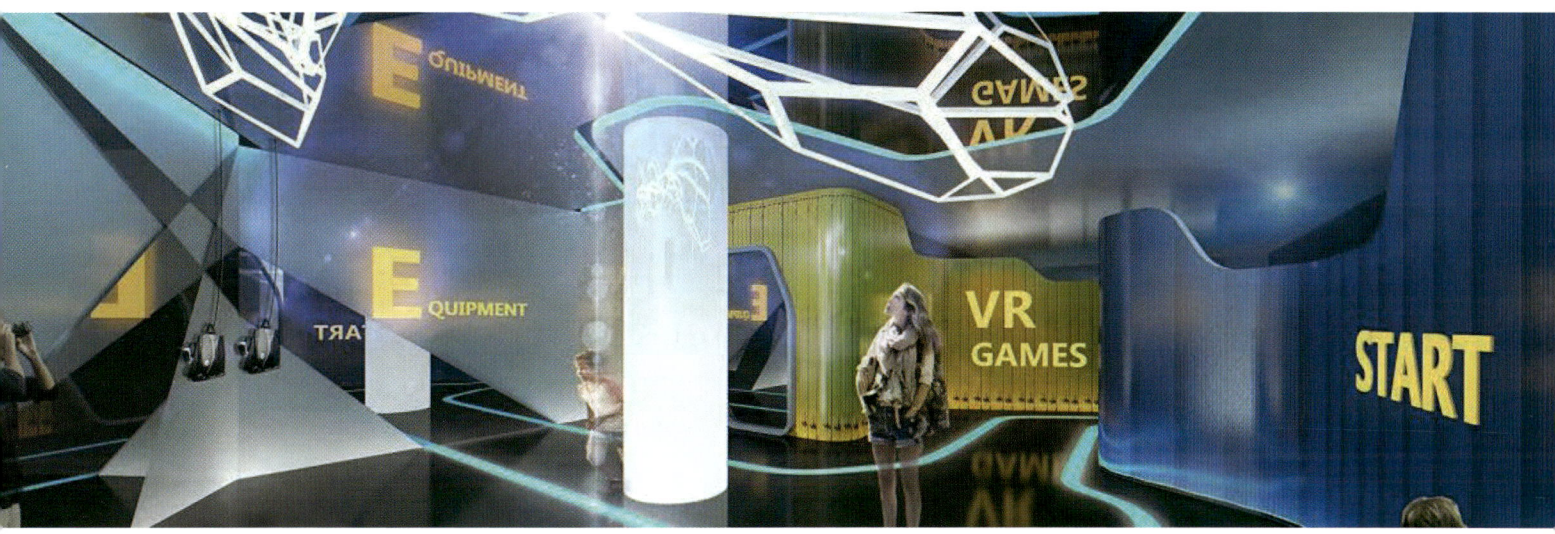

场馆展示

AI 人工智能机器人展示区 全景相机"Insta360 ONE"支持直连手机、蓝牙 4.0 遥控和完全独立使用，拍摄 4K 超清视频和 2400 万像素全景照片；可编程机器人"新威尔机械战警"，可切换快慢档步行模式，可进行战斗演示、编程、模拟发射飞弹、讲故事、英语演讲等活动、还可进行各类时尚机械舞蹈串烧、武打动作自由编程。

出行方案

- **基地地址**：深圳市宝安区新安街道兴东社区留仙二路一巷南天辉创研大厦6楼。
- **附近交通**：①地铁站，5 号线，兴东地铁站 D 出口；
  ②公交站，中粮创芯公园北公交车站。
- **接待时间**：周一至周五 09:30—18:00；周六、周日休馆。
- **预约方式**：通过深圳科普网预约；预约电话：0755-83231245。

深圳市海之洋贝壳博物馆

基地概况

深圳市海之洋贝壳博物馆围绕贝类科普、海洋生物科普、水生生物浸泡标本、贝壳文化艺术和贝雕工艺美术五大版块，打造贝壳及相关产业综合型展馆。馆内珍藏和展示世界各地珍奇贝壳标本及其他海洋生物标本达一千多枚，精美贝雕及螺钿工艺品达百余组。

深圳市海之洋贝壳博物馆门厅

科普活动

基地特色

构建交流平台,丰富贝类资料 该馆成立以来,积极推进行业的交流、合作和发展;特别是发起的"中国贝景之旅",行经全国12省区30多座城市进行系列考察活动,参观各大贝壳博物馆、珍珠博物馆、贝雕厂,拜访贝类研究学者、贝雕工艺美术大师等,为中国贝类科普、贝壳文化、海洋生物和贝雕艺术的发展积累了第一手宝贵的资料。

线上科普,资讯共享 基地以"贝壳红"公众号为主体,以微博等自媒体平台为辅,进行线上科普,分享贝类生物知识、贝壳收藏心得,并向公众介绍贝雕、螺钿技艺,传播贝壳文化艺术,同时推送贝壳相关产业资讯等,是贝类研究领域信息传播的窗口。

紧跟时代潮流,利用短视频 APP 传播贝雕技艺 近年来,短视频 APP 悄然兴起,受众广泛,该馆已在较知名的几个短视频平台注册账号,发布一些贝雕制作相关视频,紧跟时代潮流,多元化、深层次传播贝雕技艺,弘扬贝雕非遗技艺,让更多人感受贝雕之美。

积极研发,融合创新 博物馆以北上广、粤港澳大湾区及我国其他沿海城市历史人文、山海景观、城市建设风貌为原型,研发了一系列特色贝雕艺术摆件,在传统贝雕技艺上加以创新。如精美陶瓷盘与纯天然手工贝雕相结合,画面层次丰富,惟妙惟肖,广受好评。

出行方案

基地地址: 深圳市宝安区沙井街道180号金沙童话3楼。

附近交通: ①公交站,沙井京基百纳,沙井京基百纳对面即为金沙童话;
②地铁站,11号线至沙井站,再乘 M234 路公交至沙井京基百纳站;
③自驾导航,深圳市海之洋贝壳博物馆——金沙童话文化产业园停车场。

接待时间: 周二至周日 10:00—17:30(周一闭馆)。

预约方式: 免费参观,10人以上团体需提前预约,预约电话:0755-82568353。

走遍身边的科普场馆——深圳篇
深能环保宝安能源生态园三期（生活垃圾处理历史博物馆）

深能环保宝安能源生态园三期（生活垃圾处理历史博物馆）

深能环保宝安能源生态园三期（生活垃圾处理历史博物馆）鸟瞰图

基地概况

深能环保宝安能源生态园三期（生活垃圾处理历史博物馆）位于深圳市宝安能源生态园内。园区集垃圾处理、科研、科普教育、产业观光四大功能于一体，目前是全市面积最大、规划设施最多、综合处理能力最强、功能最齐全的现代化生态环境园。

基地从多维度、多角度详细介绍垃圾处理历史和世界生活垃圾焚烧技术发展史，致力于让人们从源头上改变对垃圾的认识，深入了解垃圾处理过程，从而增强环境保护的意识，并在此基础上力争将基地建设成为中国首个生活垃圾处理历史博物馆和中国垃圾焚烧行业首个历史博物馆。

基地特色

人类生活垃圾处理史序篇

《人类生活垃圾处理史序篇》短片作为整个展馆的序篇，生动讲述了生态环境失衡对人类社会造成的一系列影响。

垃圾处理历史篇

本篇从生产力发展的角度介绍原始社会、农业社会、工业社会中生活垃圾与人类的伴生和共处，正视"垃圾围城"所引发的危机和严峻形势。

生活垃圾焚烧发展史

人类垃圾焚烧发电行业经历了上百年的发展历史，我国垃圾焚烧发电行业起步于20世纪80年代末，目前我国的技术水平已达到世界先进水平。

焚烧工艺流程

通过观看垃圾焚烧技术发展历史短片，参观卸料平台与垃圾吊控制室，了解垃圾的转运与储存；观看汽轮发电机，了解垃圾焚烧发电过程；参观烟气处理间，了解先进的烟气处理技术。

休闲景观

穿过全国首个垃圾焚烧厂内的空中花园——沐曦谷，到咖啡书吧品味醇香的咖啡，交流参观心得。乘坐电梯到达高90m的烟囱——临曦台，沉浸式观看影片，感受AAAAA级工业旅游景区——宝安能源生态园的独特魅力。

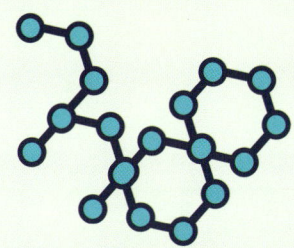

走遍身边的科普场馆——深圳篇
深能环保宝安能源生态园三期（生活垃圾处理历史博物馆）

出行方案

- **基地地址：** 深圳市宝安区燕罗街道塘下涌社区老虎坑环境园内。
- **附近交通：** 驾车下龙大高速或广深公路进入广田路，转入水泉路，即到达环境园内。
- **接待时间：** 周一至周日09:00—17:00。
- **预约方式：** 通过"深圳能源环保股份有限公司"微信公众号和深圳市生活垃圾分类科普"教育馆"预约平台进行线上预约。

深能环保南山能源生态园（循环再生艺术展览馆）

基地概况

深能环保南山能源生态园（循环再生艺术展览馆）位于前海自贸区，是目前离市区最近、最高标准的垃圾焚烧设施之一，环保指标达到超越欧盟标准的深圳标准 SZDB/Z 233-2017。建筑外观融合了海浪造型（主厂房）、马蹄莲造型（烟囱）、贝壳造型等诸多元素，与山形海势浑然天成，是国内少有的"没有围墙的焚烧厂"。园内融合了循环再生艺术馆，是深圳市落实先行示范区垃圾焚烧设施变"邻避"为"邻利"的创新举措。展馆总面积约为 4412m^2，涵盖了垃圾处理的全流程，以垃圾分类科普体验为导向，市民在参观过程中可全方位地深入了解垃圾分类及处理工艺；通过科普体验馆，市民可清楚了解整个垃圾焚烧处理的生产步骤，了解垃圾处理工艺流程和变废为宝的科技化过程。通过工业与艺术的碰撞，向市民呈现不一样的生态美学。在烟囱上近 72.4m^2 的高环形天空吧，品味美味咖啡，俯瞰深圳湾无敌海景，为参观市民带来不一样的感受，实现了"建一座工厂，还一座公园"的环保理念。

深能环保南山能源生态园（循环再生艺术展览馆）鸟瞰图

基地特色

节能减排，建设美丽深圳

《环境将来——循环再生》宣传片以"环境 将来"为主题，结合展馆循环再生的理念，立足于海洋环境现状，向全球发声，通过循环再生，让废弃资源重现生机。该片获得第十届全国品牌故事大赛微电影比赛总决赛三等奖。

深圳通过"蒲公英计划"建设科普馆等垃圾分类宣传教育基地，传播垃圾分类理念和知识。深能环保南山能源生态园作为"蒲公英计划"的一员，以创新的科普理念，倡导市民积极参与到低碳生活中。

循环再生艺术展览馆

废弃垃圾经过艺术家的重塑，也可以变成匠心独具的艺术品。该展览馆开设了以玻、金、塑、纸为主题的循环再生艺术展。整个展区为可变式空间，邀请专业团队定期举办艺术展，通过与艺术家的合作，废弃垃圾以诗意的方式向市民传递温柔的力量，号召更多人用自己的方式保护环境。

基地展厅（一）

基地展厅（二）

走遍身边的科普场馆——深圳篇
深能环保南山能源生态园（循环再生艺术展览馆）

重生艺术及再生科技

展览馆讲解员通过声光电剖面沙盘，向市民介绍垃圾焚烧处理工艺中的细节；通过展示生活垃圾进入南山能源生态园后的一系列工艺流程，让市民更清晰直观地了解生活垃圾是如何处理的。

市民通过参观展厅、参与多媒体互动游戏、看图文介绍、动手实践、听讲座等多种形式，全方位、多角度地了解生活垃圾对空气质量、土壤质量、水体质量、城市环境的巨大影响。下沉式讲堂配备 200m² 高清投影，让市民瞬间仿佛置身于绚丽海底龙宫。

生存与生活、工业与工艺

深能环保南山能源生态园展厅总面积 4412m²。循环再生艺术展览馆近 2000m²，推广普及"零垃圾"理念。参观长廊区域近 1000m²，珍珠状的下沉式讲堂与贝壳状循环再生艺术展览馆遥相呼应，透过巨大的玻璃窗，可清晰展现整个垃圾处理与焚烧的步骤。天空吧位于烟囱 72.4m 处，面积 291m²，可远眺小南山及伶仃洋，观赏美景、品尝轻食，体会城市与自然和谐共生的意境。

基地展厅（三）

走遍身边的科普场馆——深圳篇
深能环保南山能源生态园（循环再生艺术展览馆）

科普活动

- 基地地址：深圳市南山区南山街道妈湾大道 32 号。
- 附近交通：月亮湾大道转入妈湾大道，到达南山能源生态园内。
- 接待时间：周一至周日 09:00—17:00。
- 预约方式：通过"深圳能源环保股份有限公司"微信公众号线上预约。

深圳市博尔国防科普基地

基地概况

深圳市博尔国防科普基地成立于2012年，位于深圳南山区蛇口自贸区，基地建有国防科普展厅与国防航空创客体验室，面积超过 2000m^2。基地拥有不同比例的海、陆、空模型展品约300件。基地自主研发中国军机发展历程滑动屏、J-15 战斗机透明屏展示柜等一系列国防科技科普产品和互动体验设备20余件，购置国防航空实物60余件，并购置了一辆科普大篷车。基地拥有发明专利及外观专利40多项，可同时容纳200余人参观学习。

基地与中国航空工业集团、中国航空学会、同济大学、北京航空航天大学等军工企事业单位、军工院校建立了紧密的联系，合作研发了多项科创设备，出版了科普图书，并开设了450多个课时的科学课程。

基地致力于青少年的航空研学科普活动，弘扬爱国主义，搭建航空科技和国防文化教育平台。基地自主开发了航空类互动展项、实验设备、航空活动、教材、课程及教具。针对中小学创客课程，开发了地面模拟飞行驾驶舱、VR 飞行体验设备、激光切割机、拉力测试仪、莱特风洞等一批航空创客仪器设备。

基地已取得的主要资质和荣誉：全国航空科普教育基地、广东省科普教育基地、广东省青少年科技教育基地、舰载机科普教育示范基地、信息融合科普示范基地、深圳市国防科普教育基地、深圳市南山区科普基地、南山区航空创客培育与成果推广服务平台等。

2020 年 9 月，基地在南山区建立了深圳市第一个科普示范小区——龙瑞佳园。

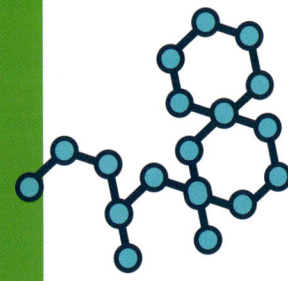

科普示范小区是企业与社区共同努力搭建"知识共享、交流互动、学习互帮"的工作平台，通过小区设立科普馆的模式，有效丰富青少年、社区居民科学文化知识，提升交叉学科知识储备量，并有助于培养科技后备力量，是深圳作为中国特色社会主义先行示范区的科普尝试。

飞机模型

基地特色

科普讲解

基地展示有我国最新最全的战机、客机、航母模型，如我国最新的第四代鹘鹰战机1:2模型，全真实的涡喷-6发动机以及航空母舰等。专业解说员结合航空故事和航空人物，让学生了解飞机发展史，以模型为平台展示中国军事实力的崛起，同时科普航空发动机等尖端武器的原理，拓宽学生的知识面，激发学生的创新思维。

航模制作

在了解飞行知识原理的基础上，学生在工作人员的辅助下结合工具图纸制作航模。通过制作和学习放飞模型飞机，学生可以更好地了解飞机的结构，训练动手能力以及手脑协调能力，培养科学素养。

飞行模拟

塞斯纳轻型飞机模拟器可以加深青少年对飞行与航空的认识。通过工作人员讲解，青少年体验驾驶飞机的乐趣，为长大成为飞行员埋下希望的种子。

航母体感游戏

通过指挥辽宁舰起飞动作，测试指挥动作分数，当一名小小指挥官。电脑根据学生的动作标准程度打分，体验比赛的乐趣，每组前两名将会获得航模奖品。

科普讲解

航空母舰模型

走遍身边的科普场馆——深圳篇
深圳市博尔国防科普基地

参观航空母舰模型

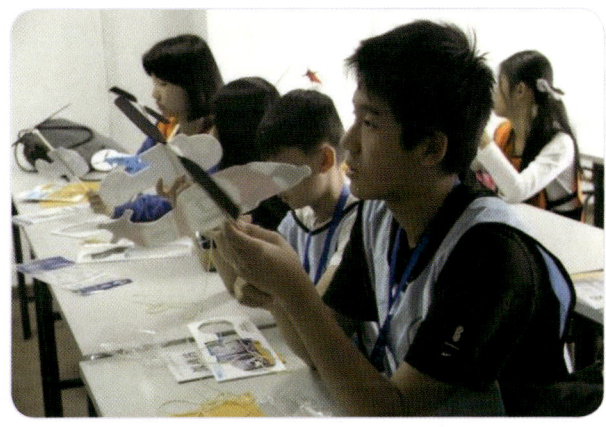
航模制作活动

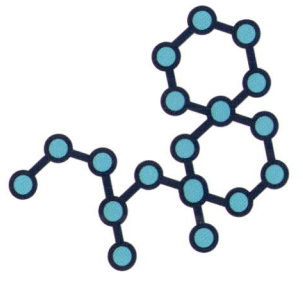

飞行模拟活动

出行方案

- 基地地址：深圳市南山区蛇口松湖路南水工业大厦5～6层。
- 附近交通：①地铁站，2号线蛇口港站（D1出口）；
  ②公交站，蛇口港交警大队站。
- 接待时间：需在线预约，根据预约日期及时段有序参观。
- 预约方式：通过"深圳市博尔国防科普教育基地"微信公众号预约。

深圳综合细胞库科普馆

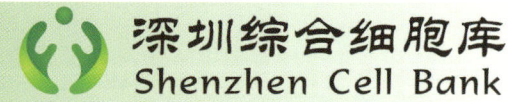

基地概况

深圳综合细胞库科普馆是面向社会大众建立的关于生命科学、人体细胞、健康生活理念的科普展馆，向社会大众进行公益科普，同时与深圳市的党校、中小学、街道办、科普教育基地等机构合作，定期举办公益科普活动。

展馆面积 800m²，分为干细胞、免疫细胞、细胞生物技术发展史、科技与生命、人体与健康、细胞观察区、细胞图书馆等多个科普板块。同时，展馆还配备了授课区、儿童区等，用于互动、授课和观看科普影片。

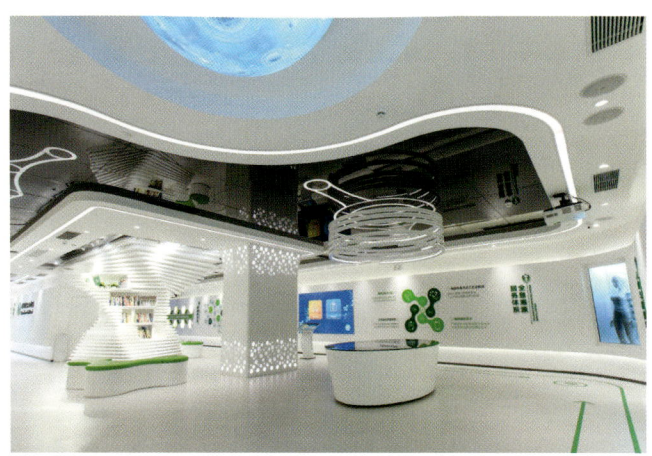

基地展厅（一）

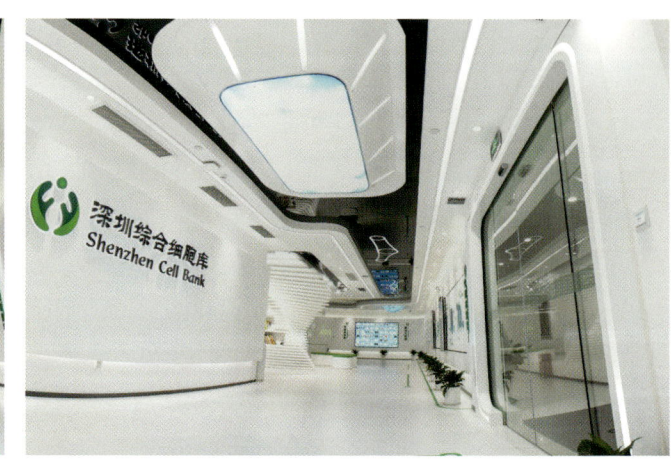

基地展厅（二）

走遍身边的科普场馆——深圳篇
深圳综合细胞库科普馆

基地展厅（三）

基地特色

科普大讲堂

以视频、PPT课件等形式讲解细胞知识。

高倍显微镜

通过高倍显微镜观察人体干细胞形态。

参观科普馆

在科普馆内，安排专业讲师讲解细胞相关的内容。

用高倍显微镜观察干细胞科普活动

液氮冷冻小金鱼科学实验

出行方案

基地地址： 深圳市南山区高新南九道59号北科大厦2楼。

附近交通： ①地铁站，科苑地铁站（D出口）、深大南站（A1出口）；
②公交站，百度国际大厦站、滨海之窗站。

接待时间： 09:00—17:00（国家法定节假日闭馆）。

预约方式： 通过"深圳综合细胞库"微信公众号线上预约。

深圳野生动物园

基地概况

深圳野生动物园建于山清水秀的西丽湖畔，占地面积60多万 m^2，是一家放养式的野生动物园，集野生动物保护、展览、繁育、环境科普教育为一体，曾被国务院授予"中华之最"荣誉称号，是国家 AAAAA 级精品景区，全国科普教育基地。

深圳野生动物园外观图

走遍身边的科普场馆——深圳篇
深圳野生动物园

基地特色

千姿百态动物世界

园内放养着300多种，近万头（只）野生动物，有大熊猫、大食蚁兽、长颈鹿、东北虎、耳廓狐、非洲狮、亚洲象、金丝猴、扬子鳄、海豚、海狮、海豹等，来自世界各地的珍稀动物齐聚于此。

小小讲解员互动体验

小朋友化身小小讲解员讲述动物的生活点滴；科普进校园，把生动的动物科普知识带进课堂；研学体验营，了解动物习性，挖掘背后故事；夜探动物园，走进动物的夜间生活，发现不一样的美。

动物与地震科普展厅

学习动物与地震的关系，了解动物预报地震的秘密，掌握灾后自救的方法，树立防灾减灾的意识。

大象科普

植树节研学活动

小小讲解员互动体验（一）

小小讲解员互动体验（二）

出行方案

- **基地地址：** 深圳市南山区西丽湖路 4065 号。
- **附近交通：** ①地铁站，7 号线西丽湖站；
  ②公交站，动物园站、西丽湖地铁站。
- **接待时间：** 全年开放，09:00—17:30。
- **预约方式：** 通过"深圳野生动物园"微信公众号预约或现场扫码预约。

清华大学深圳国际研究生院

基地概况

　　清华大学深圳国际研究生院是在国家深化高等教育改革和推进粤港澳大湾区建设的时代背景下，由清华大学与深圳市合作共建的公立研究生教育机构。目前，国际研究生院工程教育中心已建设涵盖生物医学工程、水环境、电气、能源、材料、通信、控制工程、现代物流、艺术设计、未来人居、安全工程等多学科的教学实验室，占地2000m^2；同时组建了一支由教师、工程师、研究生志愿者组成的科普团队，为科普教育提供专业的讲解与服务。该院利用学院资源开展科学实践小学堂、科普沙龙、科普参观等多种形式的科普教育活动，积累了丰富的经验，并于2020年成为深圳市和南山区科普基地，为提高公众特别是青少年的科学素养，激发科学思维，培养科学精神和创新型人才做出了积极贡献。

清华大学深圳国际研究生院鸟瞰图

科学实践小学堂

科普活动（一）

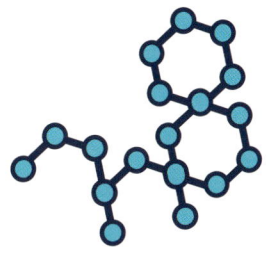

基地特色

科学实践小学堂　面向深圳市中小学学生群体，采取"定制化主题"和"小班教学"的组织形式，根据学生年龄特点、知识结构和动手能力，分别开发不同的实践任务，让青少年亲手参与实践过程，深入了解信息科技、生命健康、未来人居、能源材料、环境生态、海洋工程、创新管理等多个学科领域的科普知识。科学实践小学堂目前已开发出"神奇的信号之旅""未来屋顶""机器人好帮手""扎染艺术体验""创意设计初体验"等实践主题，服务了近千名中小学生。

科普沙龙　面向国内外大学生，依托教学实验室科学设备，举办专业科学前沿主题沙龙及创客工作坊活动。通过协同设计、师生互动、校企交流等形式，共同分享优秀的创新案例，激发创造力与创新热情。目前科普沙龙已开设"联合国可持续发展目标工作坊""全球开放科学硬件创新营""亚洲环保论坛公民科学工作坊"等多个科普工作坊。

科普参观　面向社会公众开放，一般在学院指定开放日举办，通过参观教学实验室、科学实验讲解与演示，开展多学科领域的科普教育。

/ 走遍身边的科普场馆——深圳篇
清华大学深圳国际研究生院

科普活动（二）

科普活动（三）

出行方案

基地地址： 深圳市南山区西丽大学城清华园区。

附近交通： ①地铁站，7号线西丽湖站；
②公交站，清华园区公交车站。

接待时间： 周一至周日 09:00—17:00（教学实验室有课程安排除外）。

预约方式： ①预约电话：0755-26036380、0755-26036079；
②预约邮箱：zheng.xiaocui@sz.tsinghua.edu.cn。

贝尔自然探索乐园

基地概况

贝尔自然探索乐园成立于2019年12月25日,隶属于深圳市大洋自然教育科技有限公司。乐园位于深圳市南山区蛇口海上世界船头广场,乐园开设了海洋乐园、萌宠乐园及探奇馆3个场馆,占地面积为16 000m^2,是一家集游乐、观赏、科研、教育、社交等多功能于一体的科普基地,以自然为主题,陈列展览海洋鱼类、海洋藻类、两栖类动植物、陆地鸟类、爬行类动物标本,依托萌宠剧场、自然课堂、儿童乐园、文创艺术等形式,形成科学的自然探索世界。

贝尔自然探索乐园外观图

走遍身边的科普场馆——深圳篇
贝尔自然探索乐园

基地特色

萌宠保育员

小朋友化身萌宠保育员,学习动物食物的营养均衡搭配,亲手制作动物零食,投喂给可爱的小动物并与其互动等。

重游侏罗纪

该活动带着小朋友认识各种各样的恐龙模型,通过拼装恐龙模型或者恐龙考古DIY游戏,锻炼动手创造能力。

驯龙高手

该活动是跟着老师步伐走进爬行世界,寻找它们名字的由来,近距离观察爬行动物,并与它们互动。

海洋小纵队

该活动主要指导小朋友认识海洋生物的种类、形态、生活习性,以及近距离与海洋生物互动。

魔法学堂

在活动中,用好玩的魔术教小朋友科学知识,让小朋友们在快乐中学习知识,了解并学习"神秘事件"的科学原理,激发小朋友的好奇心,培养小朋友的专注力和逻辑思维能力。

魔术学堂

贝尔海洋乐园入口处

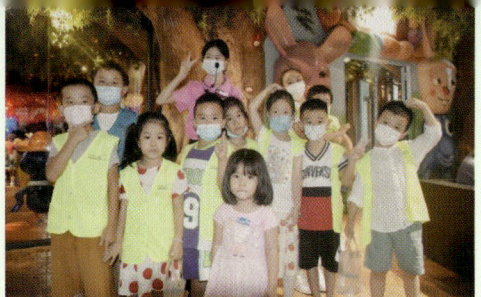

科普活动（一）

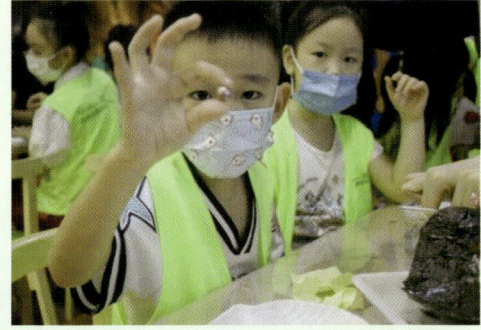

科普活动（二）

科普活动（三）

出行方案

| 基地地址： | 深圳市南山区海上世界船头广场 103 号。 |

附近交通：①地铁站，海上世界站（A 出口）；

②公交站，海上世界南站。

接待时间：周一至周五 10:00—18:30、周末及节假日 10:00—21:00。

预约方式：预约电话：0755-2165-9907 / 0755-2165-9903，或通过网站预约（http://bellnwl.com/）。

深圳大学城图书馆

基地概况

深圳大学城图书馆是深圳市教育局直属公益一类事业单位，兼具高校图书馆、公共图书馆和科技情报研究所三重功能，面向高校师生、市民、企业、政府等提供科技信息服务，是深圳市重要的科技文献资源保障基地、科技文献和科技信息服务中心、科学教育基地，是为市场、产业、研发提供社会化公共信息资源的交流服务平台。图书馆建筑面积 40 000m^2，全馆无线网络覆盖，近 2500 个阅览座位，设有阅览区、信息检索区、个人研究与小组讨论区、法律研究中心、学位论文阅览室、学术交流与会议区、用户教育培训区等。图书馆科普资源丰富，截至 2020 年，该馆已有印本文献 210 万册，数据库 285 个，电子期刊 55 616 种，电子图书 220 万种，是深圳市电子资源最丰富的图书馆，馆藏资源种类及学科门类齐全，除图书、期刊、报纸外，还包括专利、标准、会议录、科技报告、年鉴、工商名录、行业报告、金融数据、预印本文献等。

科普讲座

科普展厅

紫心长廊

24 小时阅览室

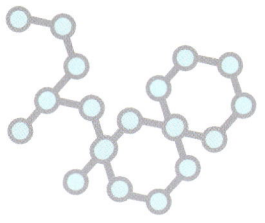

基地特色

科普信息资源丰富

深圳大学城图书馆馆藏资源突出科技特色，以纸本馆藏和数字化馆藏兼顾为原则进行文献资源建设，已建设成为深圳市电子资源最丰富的图书馆。

形式多元的科普讲座及科普沙龙

深圳大学城图书馆依托深圳大学城的优质师资资源，定期举办各种主题的名家讲座及科普沙龙，向市民传播各学科领域的新思想和新技术，普及科学知识，激发科学热情。

线上线下相结合的多元化科技信息素养教育

深圳大学城图书馆走进企业、高校，利用互联网，每年为企事业单位及高校师生提供近百场科技信息素养教育课，以提升科研人员的科技信息素养。

科普展览资源丰富

深圳大学城图书馆与国内相关机构建立了科普展览合作协议，共享科普展览资源，同时还依托深圳大学城各高校的展览资源，开展多元主题的科普展览，每年受益群体达数万人。

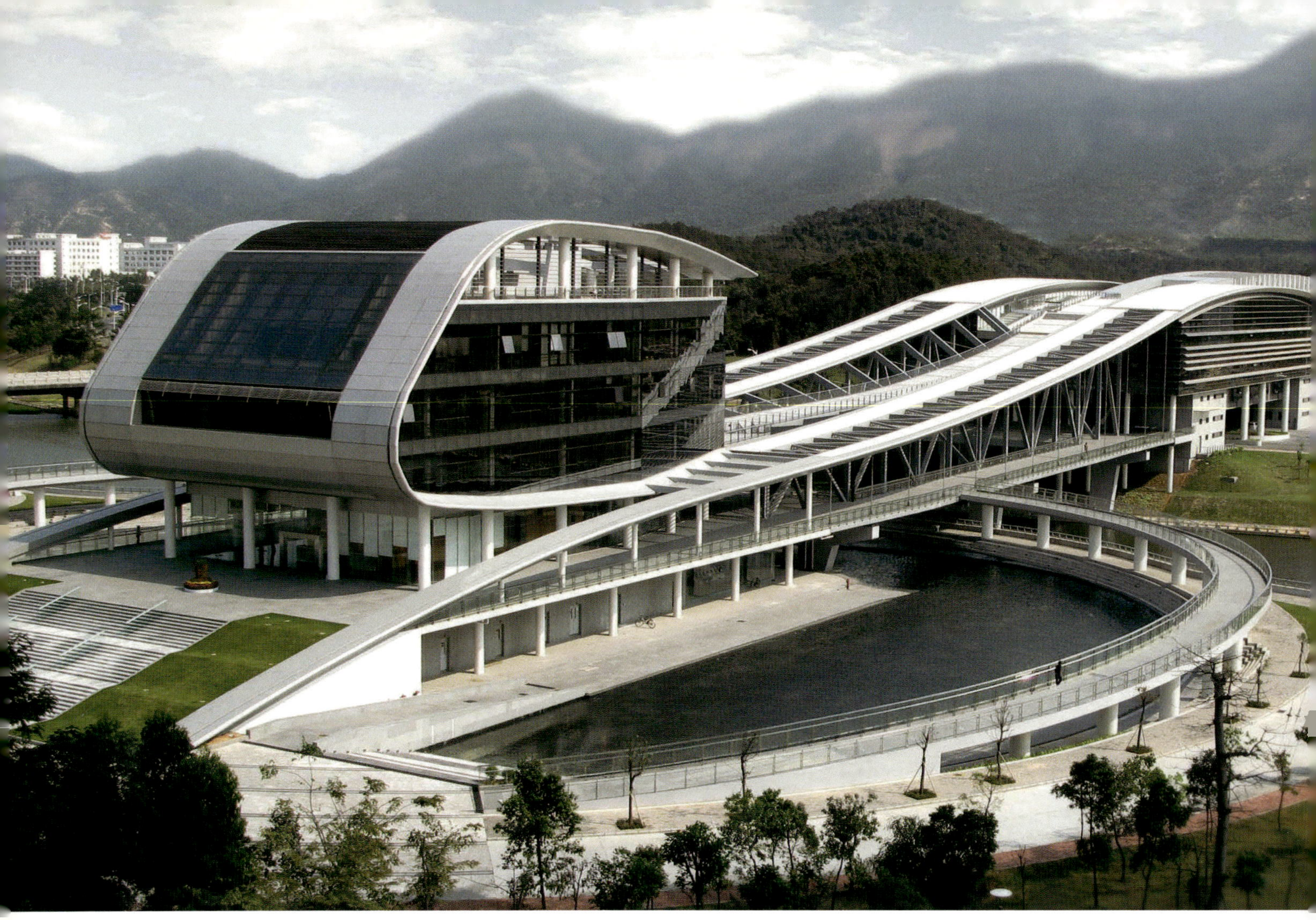

深圳大学城图书馆外观图

基地地址： 深圳市南山区西丽街道丽水路 2239 号（深圳大学城内）。

附近交通： 地铁站，西丽湖站（D 出口）、大学城站（C 出口）。

接待时间： 周一至周日 07:30–22:00（阅览区）。除夕、正月初一、初二闭馆，其他国家法定节假日开馆时间是 9:30–17:30，面向成年读者开放，谢绝 14 岁以下儿童入馆。

巨影3D创新创客科普教育基地

PMAX 巨影
3D打造无限创意 / 高品质3D打印机

基地概况

巨影3D创新创客科普教育基地成立于2013年8月,建筑面积1500m^2,在3D打印(增材制造)领域有多年的技术积累。研究团队由负责人黄伟带领,多位院校老师与美籍华人博士担任导师,是中国3D打印技术领域最活跃的学术研究团队之一,在3D打印、3D创新课程、控制、交互、能源等方面取得多项突破,围绕3D打印机、3D扫描仪、3D打印新材料、3D创客课程等领域成功总结出一套完整的教学方式与方法,具有广阔的应用前景。

巨影3D创新创客科普教育基地是由深圳巨影投资发展有限公司和深圳科学高中联合创建,针对不同年龄分段的学生开发了相应课程,并免费向学生开展科普教育。基地通过展厅、实验室为市民生动形象地展示了3D智造技术与航天之梦,融合STEAM的教学方法,推广普及人工智能教育,在科普3D创新智造、无人机、机器人以及人工智能知识的同时,充分激发参观者的科学探索热情,具有较强的科教意义。

科普活动合影(一)

科普活动合影(二)

科普活动（一）

科普活动（二）

基地特色

创新实践特色。主要体现在3D打印与建模、三维扫描技术、增材制造、创新创客科普、3D绘画、智能制造、STEAM课程、3D创新智造等方面，从全面了解到亲手制作，让学员完整体验3D打印（增材制造）的魅力。

体验式授课方式。将课堂交给学员，让学员成为课堂的主角，学习运用三维建模软件，体验3D打印创意设计。

学习内容。综合科学、技术、工程、数学等思维方式思考问题并实践创作。在3D打印创客老师的引导下，以学员为中心设计并制作作品，培养学员善于思考的思维习惯。结合TRIZ发明原理，开拓学员的创意设计思路，培养学员动手动脑的能力。

巨影 3D 创新创客科普教育基地外观图

出行方案

- **基地地址：** 深圳市南山区西丽街道松白路 1026 号南岗第二工业园 6 栋厂房 101。
- **附近交通：** 公交站，阳光工业区站。
- **接待时间：** 全年开放，09:30—15:30。
- **预约方式：** "巨影"微信公众号和官网预约；预约电话：400-152-5001。

深能妈湾电力科普教育基地

基地概况

深能妈湾电力有限公司成立于 1989 年 9 月，位于深圳市南山区蛇口半岛南端，是深圳市唯一的大型燃煤发电企业，发电量占深圳市同期用电总量的 18% 左右。拥有 6 台 30 万千瓦级引进型先进燃煤发电机组，是国家一流火力发电厂。30 多年来，公司始终坚持绿色发展，累计投入环保资金达到 24 亿元人民币，在国内率先完成各项节能减排技术改造，"三废"达标排放，提前实现超低排放，达到燃气电厂排放标准。

为广泛宣传电力科普知识，提升市民科学素养，公司积极创建深能妈湾电力科普教育基地。通过科普知识讲解和发电厂沉浸式参观及互动体验，向市民展示火力发电厂电力生产过程，普及我国能源结构和能源常识；介绍烟气脱硫、脱硝、电除尘、天然气点火、岸电上船原理及废水、灰渣循环再利用理念；普及大气、土壤、海洋、水环境保护知识；向大中小学提供校外科学实践平台；累计设立教育宣传栏 50 余块，编写内容 5 万余字，购置电力科学实验器材 30 余套（台），完善电力科普教育、环境教育和电力安全教育。

深能妈湾电力科普教育基地先后获得深圳市科普教育基地、深圳市环境教育基地、广东省环境教育基地、中国电力科普教育基地（中国电机工程学会）、全国科普教育基地（中国科学技术协会授牌）称号，并与周边学校签订了《电力科普、环境和爱国主义教育战略合作框架协议》。基地累计接待参观人数 8000 多人次，是深圳市民学习科学知识、培养科学兴趣的平台。

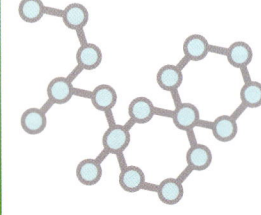

科普教育活动合影

基地特色

- **发电厂生产车间** 展示小功能实现大效果！火力发电厂展示电能生产主要设备、控制方式、生产流程以及运行方式。

- **多功能厅** 开展多媒体科普讲座、电力试验、声光电互动体验。

- **电力文化科普长廊** 展示电能的起源和电力的发展历程。

- **发电厂厂区** 展示发电厂外围配套电力设备，普及电力输送科学知识。

- **发电厂封闭式煤场** 展示火力发电厂燃料的运输、转运和储藏。

- **电力设备模型** 展示30万千瓦级汽轮机模型、发电机模型、变压器模型，拥有静电体验装置和各类电能实验教具。

走遍身边的科普场馆——深圳篇
深能妈湾电力科普教育基地

电力试验活动

声光电互动体验活动

科普长廊讲解

发电厂生产车间参观

走遍身边的科普场馆——深圳篇
深能妈湾电力科普教育基地

深能妈湾电力科普教育基地外观图

基地地址： 深圳市南山区妈湾大道3号妈湾电厂内。

附近交通： 乘公交车到"妈湾发电厂站"即可。

接待时间： 周六、周日 09:30-17:30。

预约方式： 通过"深能妈湾电力有限公司"微信公众号线上预约。

※ 小笛的科学吧

基地概况

小笛的科学吧是一家以交通科技为主的科普教育馆，以系统化方式陈列交通工具模型，配套 AR 眼镜营造虚实混合沉浸感，用深入浅出的故事情节使孩子们在获取科普知识的同时，体验最前沿的科技手段，使孩子在玩中学，学中玩，从而潜移默化地爱上科学。

基地展厅（一）

基地展厅（二）

基地特色

趣味科普课

自主研发科普课程,通过趣味手段和最前沿科技展现科学知识,让孩子们通过DIY的方式了解并掌握科学知识。

模拟飞行课

该课程由有近20年飞行经验的国家级教练员授课,讲解航空知识,孩子们可通过模拟飞行器(水上飞机、F18舰载机、双引擎飞机、波音737)掌握飞行知识。

交通工具模型

通过汽车、火车、飞机等交通工具实体模型,搭配自主开发的AR眼镜,虚实结合,使孩子们充分了解世界交通工具发展史和交通科技知识。

其他科普设施

通过温柔电击、音乐喷泉、磁悬浮地球等科普设施使孩子们掌握更多的科普知识。

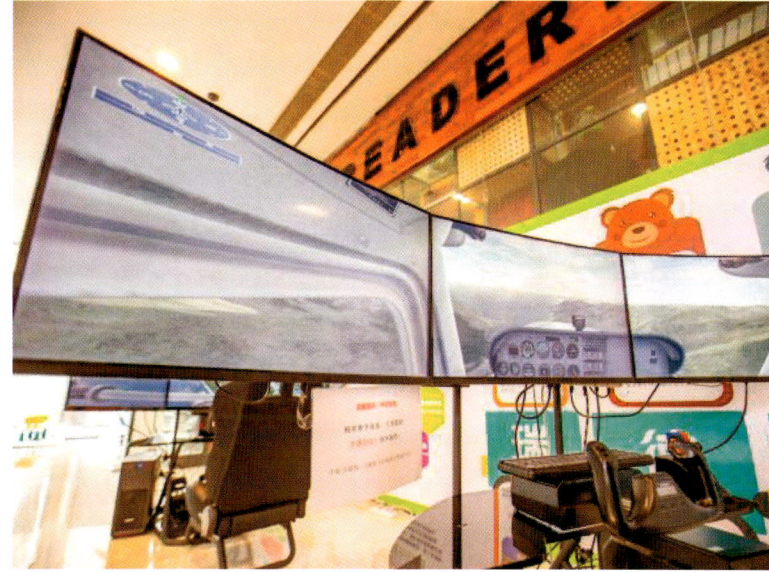

基地展厅(三)

基地展厅(四)

走遍身边的科普场馆——深圳篇
小笛的科学吧

科普活动（一）

科普活动（二）

出行方案

基地地址： 深圳市福田区深南大道世纪汇广场三楼317B。

附近交通： ①地铁站，华强路站（B出口）；
②公交站，中航地产站、上海宾馆站华富路（4）站。

接待时间： 全年开放（开放时间：10:30—18:30）。

预约方式： 预约电话：0755-88829606。

※ 水母星球·5D专注力数字化训练基地

基地概况

水母星球·5D专注力数字化训练基地，是全国首批脑机交互主题教育应用项目，致力于帮助4～12岁青少年进行科学化专注力训练，传播专注文化。

水母星球·5D专注力数字化训练基地分为专注力测评区、教具体验区、专注力训练区等三大功能区，配置了新一代脑机接口智能终端、智脑碰碰车、智脑SUV等多款智能教具，用于接收及分析脑电波信号，让青少年体验神奇的"意念"控制，感受专注力的强大。

基地功能区设计采用水母星球IP元素，寓教于乐，打造场景融入式的少儿专注力训练特色空间，并通过游戏化训练设计，提供主题冥想、统合游戏、专注力游戏及脑电反馈训练等多样化训练内容，帮助孩子提升专注力的爆发力、抗干扰能力、稳定性等多维能力。基地希望通过科学化的专注力训练，提升4～12岁青少年核心素质能力，在大脑发育黄金期内进一步促进其脑智成长。

科普活动（一）

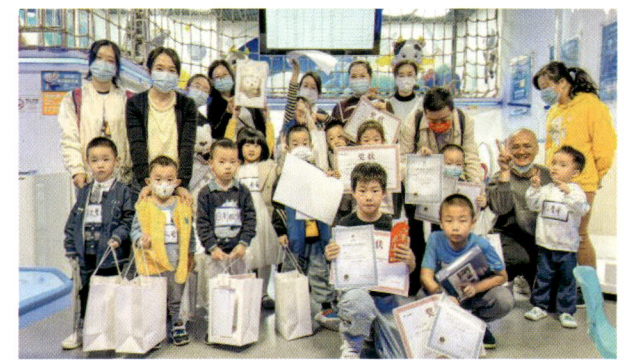

科普活动（二）

基地特色

科普活动（三）

科普活动（四）

科普活动（五）

专注勇士等级挑战赛

基地定期举办专注力赛事，提供专注力等级认证，给青少年提供一个可以秀出专注力的舞台，帮助培养专注习惯。

专注力测评

专注力训练师通过问卷量表、脑机接口智能终端及辅助教具，围绕专注力转换性、专注力抗干扰性等多个维度剖析实时专注力状态。

"意念"控物体验

戴上水母智脑环，松开双手，通过大脑控制智脑恐龙、智脑碰碰车等训练教具，移动体验"意念"控物全过程。

走遍身边的科普场馆——深圳篇
水母星球·5D专注力数字化训练基地

科普活动（六）

出行方案

- **基地地址：** 深圳市南山区南山书城4楼D03水母星球·5D专注力数字化训练基地。
- **附近交通：** 地铁站，南山书城站（B出口）。
- **接待时间：** 全年开放（开放时间：周一至周五10:00—21:00、周末09:30—21:00）。
- **预约方式：** 通过"水母智脑"微信公众号线上预约。

55

深圳市航天科普教育基地

基地概况

深圳市航天科普教育基地成立于2018年，是深圳市爱国主义教育基地、深圳市首批企业科技传播馆和科普基地、深圳市儿童友好基地、是致力于科普专业航天知识和宣讲航天精神的阵地。基地有纵览人类宇宙探索史和中国航天史的航天文化长廊，模拟太空舱视角的网红打卡点，近距离看到真实卫星的博物馆，俯瞰广东省唯一的卫星设计、生产、试验、在轨运行及管理全过程的微小卫星研制基地。通过游戏互动和科普讲座的形式，让市民能更直观地了解卫星和太空的奥秘。

参观卫星博物馆

走遍身边的科普场馆——深圳篇
深圳市航天科普教育基地

科普文化长廊

基地特色

航天文化长廊　了解中国以及整个人类探索宇宙的航天发展史；倾听中国航天三大精神、探月精神和新时代北斗精神背后的故事。

太空舱　站在太空视角俯瞰我们赖以生存的蓝色星球；体验失重拍摄。

卫星博物馆　近距离感受真实的卫星及配套产品实物；观摩卫星运营中心，观看地球同步轨道飞行卫星，了解如何实施遥控遥测；观察机械臂操作，感受科技的腾飞。

卫星研制现场　了解卫星在太空中所处的空间环境；做一日卫星实习员，身临其境感受科研生产岗位；观察卫星上天前用到的各种设备设施，以及要经历的多种环境适应性试验。

出行方案

基地地址： 深圳市南山区高新南九道卫星大厦。

附近交通： ①地铁站，9号线深大南地铁站（A1出口）；
②公交站，软件产业基地站。

接待时间： 周一至周日 09:00—17:30。

预约方式： 预约电话：0755-26994864-334（仅接受团队预约）。

57

海能达通信科普基地

基地概况

海能达通信科普基地位于南山区科技园北区北环大道旁的"海能达大厦",一楼有占地 1000m² 的专用通信科技展厅,曾多次接待国家级、省级及各部委领导;二楼有占地 600m² 的实验室,实验室所配置的设备、仪器、仪表分别在产品性能、功能、可靠性和安全性验证等方面达到了全球领先的水平。海能达通信科普基地获评"深圳市科普基地"与"深圳市企业科技传播馆"称号。

海能达通信科普基地专注于技术创新,持续将年营收的 10% 以上投入研发,在中国、德国、英国、西班牙和加拿大建有 10 个研发中心,同时积极参与并引领全球专用通信技术的发展,已成为全球主流通信标准组织的中坚力量,是中国首个专用通信数字集群标准的核心起草单位,并积极推动窄带通信、宽带通信、公专融合、应急自组网、指挥调度等公安或应急领域多个行业技术标准的规划与制定,是全球极少数全面掌握 TETRA、DMR、PDT、LTE、5G 等领先技术并拥有成熟应用高科技的传播馆,同时还承担了国家科技重大专项"宽带多媒体集群系统"等重要研发任务,探索并研发下一代专用集群通信技术。

海能达通信科普基地一楼展厅

走遍身边的科普场馆——深圳篇
海能达通信科普基地

基地特色

超全的专用通信产品

海能达通信科普基地拥有全球最齐全的专用通信产品展厅，从 2G 到 5G，从应急救援到指挥调度，各种行业前沿通信产品应用尽有。

超严酷的产品测试体验

一台专用通信设备必须经历水淋、沙尘、跌落、防爆等严酷测试。

有趣又有料的通信科普小课堂

通信专家精心设置通信小课堂，带领您遨游在电波的世界。

警察同款通信产品体验

手持与警察同款的专用通信产品，体验专用通信的便捷与高效。

活动场景图

出行方案

基地地址： 深圳市南山区高新区北区北环路 9108 号海能达大厦。

附近交通： ①地铁站，1号线深大地铁站（D出口）；
②公交站，科苑北环立交 2 站。

接待时间： 不定期开展，敬请关注"海能达"微信公众号，积极报名参加。

预约方式： 通过"海能达"微信公众号平台进行线上预约。

达实智能物联网科普教育基地

基地概况

达实智能物联网科普教育基地拥有 1000m² 的物联网技术及应用展示中心，作为科普展教场所，一楼大堂的"亚洲巨幕"体验区，结合 AIOT 智能物联网管控平台和 BIM 建筑模型，实现整栋大厦全生命周期可视化智能管理、大型设备的集中管控以及建筑模型三维可视化等。应用展示中心包括物联网发展历程展示区、物联网相关技术产品展示区，以及物联网在智慧建筑、智慧交通和智慧医疗等领域的应用场景展示区，形象展示了物联网技术的相关成果以及在智慧建筑、智慧交通、智慧医疗三大领域的应用成果。

"亚洲巨幕" LED 展示屏

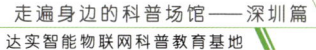

走遍身边的科普场馆——深圳篇
达实智能物联网科普教育基地

深港儿童科普交流活动

基地特色

"亚洲巨幕"LED展示屏 面积近130m²的LED大屏幕，形象展示了达实智能自主研发的AIOT智能物联网管控平台产品和达实大厦BIM建筑模型。

物联网终端产品互动墙 达实智能的终端产品介绍以及实物展示，让民众了解从有线低速局域网到超高速广域网（5G）的产品迭代史。

智慧医疗展示区 展示达实物联化手术室、医院智能化及信息化产品、区域医疗大数据等。

出行方案

基地地址： 深圳市高新区南区科技南一路达实大厦。

附近交通： ①地铁站，1号线深大站（C出口）；②公交站，深大站、粤海门村站、深港产学研基地站、高科技中心站。

接待时间： 周一至周五 09:00—17:00（参观需提前预约）。

预约方式： 预约电话：0755-26639961-6611。

深圳书城南山城科普教育基地

基地概况

深圳书城南山城科普教育基地（简称南山书城）是深圳出版集团旗下"深圳书城"的超级书城，位于南山区粤海街道，2004年7月正式开业。南山书城面积3.5万m^2，图书品种18万，年接待读者近300万，年举办各类文化活动近200场。书城定位是"做一流的阅读服务提供者"，依托南山教育强区、科技强区的特点，南山书城多次开展全民品读会、学童书苑、文明阅读小义工、新世代·科普行、深圳大学生文化节等文化品牌活动；同时，以"书香七进"形式将优秀读物及文化活动送进中小学、企业、社区，极大地满足了周边居民的精神文化需求，是省市两级全民阅读示范单位、深圳市儿童友好实践基地、南山区新时代文明实践点。

科普长廊

走遍身边的科普场馆——深圳篇
深圳书城南山城科普教育基地

南山书城外观图

基地特色

南山书城作为城市综合文化交流平台，又是市区两级科普教育基地，具有广泛的群众基础，科普工作从"好奇心"出发，围绕着"文化+科技""阅读+科普"的宗旨，在书城二楼专设科普书店，陈列科普图书近万种，同时以"书+"形式积极开展科普讲座，联系科普资源入驻平台展览，并策划科普研学活动，月月有活动，年年有亮点，满足不同层次的科普需求。这也是南山书城一直坚持的科普工作方向和目标，充分发挥宣传阵地的优势，结合科普读物，联动全国出版社及各类科普机构，既引进来又走出去，使科普活动常态化，提高公众科学文化素养。

出行方案

基地地址：深圳市南山区南海大道2748号南山书城。

附近交通：①地铁站，9号线南山书城站（B出口）；

②公交站，深圳南山书城站。

接待时间：周四至周日 09:30—21:30；周五、周六及节假日 09:30—22:00。

预约方式：通过"深圳书城南山城"微信公众号线上预约；

预约电话：0755-86122001/86122035。

深圳中科创科有限公司

基地概况

深圳中科创科有限公司（简称中科创客）是一家新型的"众创空间"，致力于成为一流的国际创客中心。公司位于中国科学院深圳理工大学园区内，经过七年的实践探索，已探索出一条"面向未来、面向国际"的发展道路，建立了基于创新教育和创业培育两大体系的创新运营模式，构建了"–1–0–1–N"的双创人才培养模式。

在"–1–0"青少年双创教育方面，中科创客以创新科技教育为基点，结合中国科学院深圳先进院丰富的科技前沿知识与科普资源，整合社会科技创新教育资源，辐射广大K12阶段学生的科普教育。围绕"新课标"与"强基计划"推出"中科创新科学教育体系"，强调教与学的过程，注重学科融合与科研实践，在多年的课程执行与管理经验中持续为广大青少年输出优质的科普内容。

基地外观图

走遍身边的科普场馆——深圳篇

深圳中科创科有限公司

科普活动现场

科技创新展厅 展厅以"科技·创新"为主题，展示成果主要涵盖了基础科学、信息技术、生物工程、机器人、能源发展等与人们社会生活和可持续发展密切相关的重要领域，使青少年的创新思维得到启发。

科普课程体验中心 体验中心以中科创新科学实践课程为基础，专门面向K12阶段的青少年开展科普活动。

丰富有趣的科普课程 结合创客文化与学科教育，基于青少年的兴趣，以项目式学习的方式，使用数字化工具，倡导造物，鼓励分享，培养青少年跨学科解决问题的能力以及团队协作能力。

粤港澳大湾区青少年创新科学大赛 旨在培养造就一批具有国际水平的战略科技人才、科技领军人才、青年科技人才和高水平创新团队，同时也给大湾区的青少年提供科技交流平台，鼓励青少年科技创新。

基地特色

出行方案

基地地址： 深圳市南山区学苑大道1068号F栋5楼。

附近交通： ①地铁站，5号线塘朗站（D出口），然后步行约1.3km；
②公交站，中科院深圳先进院站。

接待时间： 周一至周六 09:00—17:00（参观需提前预约）。

预约方式： 预约电话：0755-86392086。

深圳智慧生活创想馆科普教育基地

基地概况

深圳智慧生活创想馆科普教育基地由深圳市科技创新委员会支持，深圳三诺集团、深圳市工业设计行业协会、深圳市物联网协会共同打造，是深圳展示智慧科技的窗口之一，同时也是极具高科技和创意体验的公益性智慧生活展览馆，迄今为止，已接待中央及各级省市党政代表团、社会及企业团队约10万人次，获评广东省科普基地、深圳市科普教育基地称号。

深圳智慧生活创想馆科普教育基地展厅

基地特色

1. 序厅"深圳看世界"展项；

2. 3D 数字影像馆"创客中心"；

3. 三诺智慧产业综览区；

4. "时代智造馆"；

5. 未来生活体验馆。

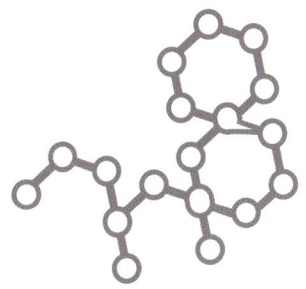

出行方案

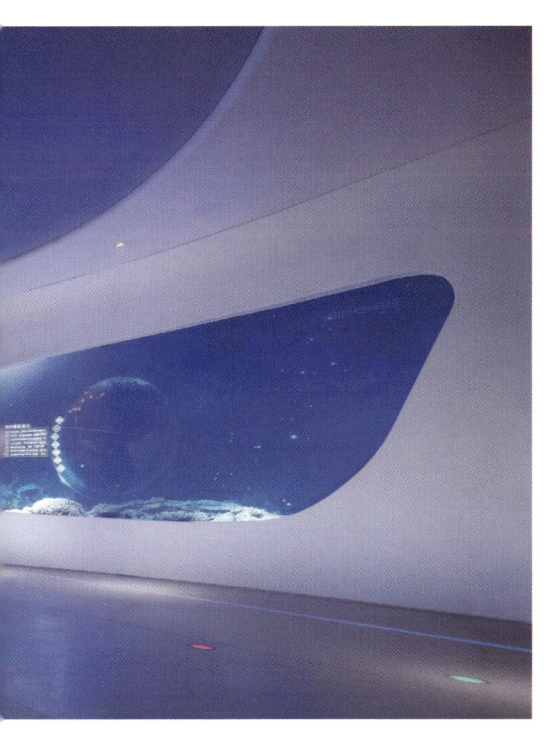

| 基地地址：深圳市南山区滨海大道 3388 号三诺智慧大厦 3 楼。

| 附近交通：①地铁站，11 号线后海站（J 出口）；

②公交站，腾讯滨海大厦公交站。

| 接待时间：周一到周日 09:00—20:00（参观需提前预约，中午 12:00—13:30 闭馆）。

| 预约方式：预约电话：0755-86726300；

预约邮箱：lijie@3nod.com.cn。

深爱人才馆

基地概况

　　深爱人才馆由深圳市高科技企业协同创新促进会创办，旨在打造"人才+科普+企业服务"为一体的综合人才服务平台。深爱人才馆划分为智慧星河、智慧政通、智造传奇、智圳科技、智鉴方今和智创未来六大区域。该馆设立了人才宣传激励阵地、政企对话交流平台，同时还设立了人才成果展示平台、人才融资服务平台、市场拓展输出平台、创新创业活动平台，是科普教育互动空间、未来人才培养基地，突显深圳市爱人才、重人才、培养人才的发展理念。

深爱人才馆外观图

基地特色

深爱人才馆"人才+科普+企业服务"的一体化综合人才服务平台。方便中小学生来馆进行相关主题的科普实践,是深圳人才和科技领域最有特色的公共场馆之一。

紧密对接深圳市高层次人才和国高企业,丰富的人才和企业资源,目前服务国家高新技术企业达 18 600 家、高层次人才 19 500 人。深爱人才馆积极动员高层次人才和高科技企业投身科普活动的共建中,每周六下午三点都有固定的科普小课堂活动,如"我是小馆长"活动、深爱人才·圳品 SHOW、高层次人才风采展、碳中和专题展、生物医药专题展、投融资对接、人才沙龙等,平均每天都有 2～3 次科普讲解活动;开馆以来,还组织了大量的青少年科普和小创客活动。

场馆运营团队拥有较强的软件、系统开发能力,具有丰富的科普、科技、论坛等活动的策划经验,团队多次得到中组部、中宣部、中国科技部、中国科协及省市各级单位的表彰。

出行方案

基地地址: 深圳市南山区粤海街道深圳人才公园群英荟一楼深爱人才馆。

附近交通: ①地铁站,2 号线登良地铁站(C 出口);
②公交站,卓越后海中心站。

接待时间: 周一至周天 10:00—18:00。

预约方式: 通过"深爱人才馆"微信公众号线上预约。

海洋城市展厅——海洋科技旅游基地

基地概况

海洋城市展厅，于2021年6月8日正式开放，由壹深圳·海洋频道全力打造，面积达1000m²，是"海洋城市"的展示窗口，是科普海洋科技、海洋知识的基地。

展厅以数字多媒体、图文、实物、互动台等为主要展示方式，以蓝色调贯穿整个展厅，并辅以彰显科技的色系进行设计，从色彩视觉上展现深圳的海洋特色，营造富有科技感与海洋印象的氛围感。这里可以眺望深圳赤湾港，满眼都是集装箱，看巨轮靠岸停泊。

进入展厅，关于海洋生物、海洋生态保护、海洋文明、海洋历史等故事在这里生动呈现；在展厅互动区域，国家重器"天鲲号"模型带您感受中国海洋的科技实力与豪情；全面而流畅的参观路线，带您深入了解深圳海洋领域发展状况、科学技术与产业产品布局。

海洋城市展厅门厅

基地特色

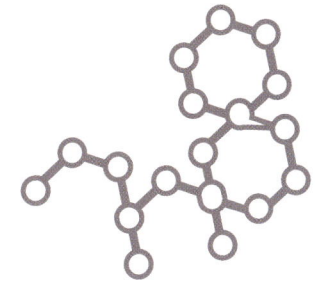

海洋知识科普区

进入展厅后，极具视觉冲击力的 LED 高清显示大屏，正循环播放着一个个关于海洋的故事，带您探索海平面到海底一万米发生的有趣事情。

海洋科技互动区

中国自主设计并建造的亚洲最大、最先进的绞吸挖泥船"天鲲号"模型及吉祥物等在这里展出，一起感受国家重器的豪情。

海洋城市展示区

华大海洋、华海通信、深汕合作区、蓝色保护协会、冲浪协会、深圳大学海洋艺术研究中心等分布于展厅参观线上，产学研在这里汇聚，勾勒出一幅幅深圳建设"全球海洋中心城市"的美丽画卷。

海洋城市演播厅

这里以海洋为主题的活动，为青少年提供展示的空间；这里有舞台灯光、背景屏幕、摄像机等专业级别的直播和录播设备，为媒体提供传播平台。

出行方案

基地地址：	深圳市南山区赤湾石油大厦 12 楼。
附近交通：	①地铁站，赤湾站； ②公交站，天后宫站。
接待时间：	工作日 09:00—18:00。
预约方式：	预约电话：0755-83231425。

德艺皮具制造科普基地

基地概况

德艺皮具制造科普基地设立在深圳市德艺科技实业有限公司的工厂园区，展示的场地内部呈园林式设计，环境优美，办公楼设计独具匠心，办公条件优越。园区内基础设施齐全，可以同时接待多人及团体参观。

活动场景

基地特色

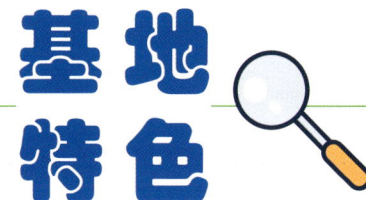

基地拥有皮具箱包行业的领先工艺水平,能在参观过程中给参观者科普先进的皮料加工工艺和皮料回收工艺。

展示皮具工艺发展史的展厅有关于皮具的大型图片展览、光碟播放、科普书籍借阅以及声、光、电科普器材演示,参观者可在欣赏作品的同时了解皮具工艺发展史,在舒适的环境中学习皮具箱包知识。

定期开展有利于激发青少年发展能力的活动,如现场讨论、知识竞赛、皮包设计画图、制作皮贴画、小皮具制作等,寓教于乐,沉浸式的体验带来更好的科普效果。

出行方案

基地地址: 深圳市南山区西丽大勘一村木棉坑工业区厂房 20、21 栋。

附近交通: 公交站,大磡安居苑站。

接待时间: 工作日 09:00—18:00。

预约方式: 预约电话:0755-26527399。

深圳市核子基因科技有限公司

基地概况

深圳市核子基因科技有限公司依托国家高新技术企业深圳市核子基因科技有限公司的专业科普教育团队及广东省科技厅认定的广东省肿瘤早筛与个性化基因检测工程技术研究中心等科学研究平台而建立,该基地有一支高级生物医学专业技术科普教育团队,共32人且均为核子基因公司在职员工,本科及以上人员占比94%。该基地有稳定的科普志愿者队伍,为开展科普活动准备了科教实验,并组建了科普教育讲师队伍和科普活动专业医护保障队伍。

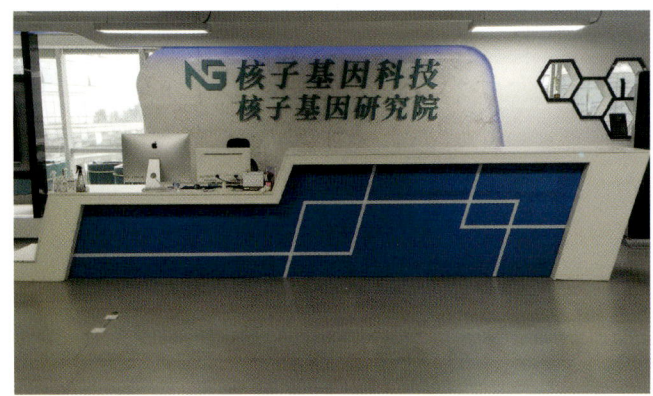

深圳市核子基因科技有限公司外观图

基地特色

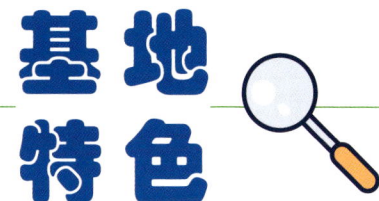

参观者可以参观国家高新技术企业基因检测 p3 实验室和高端进口检验设备，了解基因检测的运用及社会价值。

通过科普课程与活动全面普及生命科学知识、生物进化史和生命科学的研究发展进程。

开展不同的生物、生态科学实验，经过专业生物安全培训实验老师的指导，可亲自动手操作实践，激发对生命科学的研究热情。

出行方案

基地地址： 深圳市南山区南山智园 A4 栋 6 楼及 A7 栋 12 楼。

附近交通： ①地铁站，5 号线塘朗站（C 出口）；
②公交站，南山智园站。

接待时间： 工作日 09:00—18:00。

预约方式： 通过"深圳小小科学家"微信公众号线上预约。

光明农场大观园

基地概况

光明农场大观园是依托光明区自然生态资源、特色人文历史资源及绿色健康饮食文化资源，以"现代农业休闲"和"青少年科普教育"为主题建设的景区，是全国农业旅游示范点，是国家级、广东省及深圳市青少年农业科技教育基地，国家AAAA级旅游景区，广东省休闲农业与乡村旅游示范点，深圳市科普教育基地，深圳市家教家风实践基地，深圳市自然教育中心（试点）。园区展示了光明农场畜牧业50多年发展所形成的现代奶牛饲养技术及牛奶文化，具有岭南特色的生态果林、桑基鱼塘等循环经济发展模式及无土栽培先进设施农业，是都市人渴望回归田园、家庭亲子游乐、学生农业科普的理想场所。

光明农场大观园外观图

走遍身边的科普场馆——深圳篇
光明农场大观园

农耕体验（一）

农耕体验（二）

基地特色

奶牛示范基地

该基地开展奶牛饲养和牛奶品种及营养科普，展示现代化饲养和乳品加工工艺。

蚕桑文化基地

该基地开展丝路文化展览和种桑养蚕知识科普，展示丝绸加工等传统工艺。

奇异瓜果世界

展示瓜果蔬菜栽培奇观，以及无土栽培等先进农业知识。

特种养殖展示基地

该基地主要有锦鲤园，并开展赛马活动，展示人与动物、人与自然的和谐相处。

火红岁月基地

该基地面积达 6000m^2，开展石磨、传统扎染、剥玉米、打手饼、打夯、微耕机等传统农耕劳动体验。

走遍身边的科普场馆——深圳篇
光明农场大观园

科普活动（一）

科普活动（二）

出行方案

基地地址： 深圳市光明区光明街道迳口社区碧水路88号。

附近交通： ①地铁站，光明大街站；
②公交站，光明农场大观园站。

接待时间： 全年开放，09:00—17:30。

预约方式： 通过"深圳光明农场大观园"公众号预约或现场扫码预约。

※ 深圳烙画科普基地

基地概况

深圳烙画科普基地是在深圳市政府、领导和社会各界人士大力支持和关注下建立的，于2018年12月正式命名，是专业从事烙画传承、研发、创新、市场开发、工具生产、材质生产等的综合型艺术平台。深圳烙画科普基地是一家以烙画为主题的文化艺术交流科普教育基地，由深圳弘扬烙画艺术发展有限公司投资建立。基地以参观、体验、学习等形式全面介绍烙画文化，普及烙画艺术知识，弘扬中国优秀传统文化。深圳烙画科普基地面积1500m^2，展厅内展示有近百幅来自全国各地烙画艺术家的烙画作品，同时还有烙画师现场作画，零距离感受匠人之心，学习匠人精神。

科普活动（一）

科普活动（二）

走遍身边的科普场馆——深圳篇
深圳烙画科普基地

科普活动合影（一）

科普活动合影（二）

基地特色

非遗烙画体验 通过创作，丰富学生的动手能力，了解烙画的基本创作方法，亲自感受非遗烙画的创作魅力。

多重感官体验激发创作灵感 深圳烙画科普基地设有展示厅、创作中心、交易中心、培训室、体验区等多个板块，从视觉、听觉上引导学生了解烙画文化。基地在华强创意园园区，园区环境清静，给驻地烙画艺术家提供了一个良好的创作平台。

非遗烙画展示 展厅面积约 1000m^2，展示不同题材的烙画作品，展现非遗烙画的魅力。

出行方案

基地地址： 深圳市光明区观光路华强创意产业园 5A 一楼烙画基地。

附近交通： 公交站：华强创意园北站、育新学校站。

接待时间： 周一至周日 09:00—18:00（参观需要提前预约）。

预约方式： 预约电话：0755-27638077。

深圳市育新学校（深圳市中小学德育基地）

基地概况

深圳市育新学校（深圳市中小学德育基地）创办于1994年，直属深圳市教育局领导，是全国第一家由教育系统独立创办的多功能、综合型青少年社会实践基地。基地占地面积150 000m^2，建筑面积近70 000m^2，主要面向深圳及周边地区（包括香港）中小学生开展社会实践活动，20多年来共完成近100多万中小学生的教育训练任务。

深圳市育新学校外观图

走遍身边的科普场馆——深圳篇

深圳市育新学校（深圳市中小学德育基地）

基地特色

深圳市育新学校依山傍水，风景秀丽，是一所环境优美、条件优越的青少年教育活动场所。为充分发挥基地在青少年科普教育中的功能，学校先后开辟了立体生态教育园地、蝴蝶馆、风光互补发电室、国防馆、法制教育馆、心理健康教育中心、公共安全教育馆、机器人创新与实践实验室、创客实践室、航空体验中心和科技馆等科普教育场地。基地有科技教育的基础，每年有近 6 万名中小学生在学校接受综合实践教育。基地充分发掘和整合多学科体系中的科技因素，建设具有科技特色的教育课程，为全市各个年龄段的中小学生定制个性化的科技教育课程，开展多种形式的科普教育活动，培养学生的创新精神和实践能力。

出行方案

基地地址： 深圳市光明区科泰路 1118 号。

附近交通： ①地铁站，六号线光明大街站（D 出口）；

②公交站，华强创意园被站。

接待时间： 工作日 08:30—17:00。

预约方式： 预约电话：0755-21639000。

时尚生态谷

基地概况

时尚生态谷建成于 2016 年 12 月,位于光明区科学城核心区,占地约 1000 亩,时尚生态谷将科技型都市农业与美丽乡村、生态文明、文化创意产业建设融为一体,园区科普展馆、手工教室、会议场所、户外劳动场地等配套设施完善,农业科普、研学实践、劳动实践、自然教育、环境教育、非遗手工等课程内容齐全,是集科技农业示范、"三生融合"展示、科普教育实践于一体的综合实践基地,对光明区的山水林田湖等自然资源作了完美诠释。

时尚生态谷美味番茄育种中心

时尚生态谷外观图

基地特色

面向市民开展丰富多样且独具特色的科普活动，通过探究、制作、实践等方式组织内容，科普性、教育性、实践性强，同时融入爱国主义教育、革命传统教育、传统文化教育、自然环保教育等内容，激发市民的爱国热情。

出行方案

基地地址： 深圳市光明区光明街道迳口新村时尚生态谷。

附近交通： ①地铁站，6号线光明大街站（A出口）；
②公交站，迳口新村站。

接待时间： 周一至周日 09:00—12:00，14:00—18:00
（若乘坐热气球需提前一天预约）。

预约方式： 微信公众号"时尚生态谷"，进入商城购票/预约。

双晖现代农业

基地概况

双晖现代农业(简称双晖公司)成立于2010年,是集蔬菜种植、品种培育、农产品配送、都市休闲农业于一体的科普基地,占地1 295.6亩,位于深圳市光明区新湖街道新羌社区北岗菜场北15号,毗邻中山大学深圳校区,与深圳市光明区科学城相接壤,是深圳市三万亩基本农田的一部分,基地配套有完善的供水供电、排污绿化、道路、安全防卫等设施,生产和生活设施完善,是田成方、路成网、渠成系、高质量、高标准的现代化和集约化农业基地,是国家农业部成立的蔬菜标准园,是深圳市菜篮子蔬菜种植基地、供港澳蔬菜种植基地、无公害蔬菜种植基地、"圳品"生产基地,是中国第一个铁皮石斛人工出口基地,是深圳市科普教育基地。

双晖现代农业外观图

基地特色

现代农业基地科普

在这里可以向市民科普现代化、标准化蔬菜种植，使市民对蔬菜标准化、规模化生产有一个整体的认识以及对现代科技农业有一个新的认识。

农耕文化活动

学习古老的农耕文化，参与古法造纸、磨豆浆、压面条、包饺子等活动。

趣味农耕活动

体验挖红薯、稻田插秧、采摘蔬菜水果、种植蔬菜等活动。

农业现代化实验

组培接种无菌苗，进行催芽实验等。

红色教育拓展实践

将农耕文化和红色教育结合起来，忆苦思甜，感受革命先辈艰苦奋斗、吃苦耐劳的精神。

食品安全科普

食品安全科教课堂可以学习农药残留检测技术，食品安全辟谣课堂可以使市民对网络上食品安全谣言有一个正确的认识。

农耕野炊和烧烤民宿

可自助烧烤、篝火狂欢、钓鱼、卡拉OK、农家乐、拓展训练，一年四季可以满足不同客户的定制需求。

出行方案

基地地址： 深圳市光明区新湖街道新羌社区北岗菜场北15号。

附近交通： ①地铁站，6号线光明大街（A出口）；
②公交站，光明书院站；
③自驾，导航双晖现代农业。

接待时间： 全年。

预约方式： 预约电话：0755-83231425。

依波钟表文化博物馆

基地概况

依波钟表文化博物馆由依波精品（深圳）有限公司投资兴建。依波始创于1991年，系香港上市公司冠城钟表珠宝集团（HK0256）旗下集腕表研发设计、制造和营销为一体的精品腕表集团化企业，为中国腕表领先品牌，并连续十六年荣登中国500最具价值品牌榜单，品牌价值达137.58亿元。

依波钟表文化博物馆是深圳首个以钟表和时间文化为主题的博物馆。馆址位于深圳光明新区时间谷钟表产业基地的依波大厦，2018年6月建成开馆。展馆共分两层，总面积1440m²，包括光影时钟圆厅、古代中国计时器发展展区、世界钟表发展史展区、中国钟表发展历程展区、当代世界钟表荟萃展区、中国当代钟表大观展区、新技术融合推动下的钟表行业、依波品牌馆、互动体验区、专题展览区等展区，展品数量超过300件。

依波钟表文化博物馆汇集了古今中外数百件精美的钟表计时藏品，主要有古代大型计时器、欧洲古董钟表、明清宫廷观赏座钟、近现代世界各大品牌手表等，以钟表文化和时间历史为脉络，借助多媒体数字设备等现代科技展示技术进行钟表文化知识普及，全方位展示钟表的历史发展、文化内涵与艺术价值。

依波钟表文化博物馆门厅

走遍身边的科普场馆——深圳篇
依波钟表文化博物馆

依波钟表文化博物馆展厅

基地特色

深圳首家钟表文化博物馆

依波钟表文化博物馆收录了从古至今"时间"系列作品，包含对时间的不同理解与其运作的奇妙解读，通过播放弧幕影片及300多件钟表精品实物展示，深入了解世界钟表发展的历史，学习钟表相关的知识。

特色腕表工业旅游

依波工业旅游融合钟表博物馆、手表工艺生产观览、企业文化长廊、品牌腕表展示、钟表主题园林厂区等主题，参观产品，汇聚科普、观赏、娱乐休闲多种特色体验。

出行方案

基地地址：	深圳市光明区公明街道金安路依波大厦。
附近交通：	①地铁站，公明广场站（C出口）；②公交站，依波大厦。
接待时间：	每日09:00—17:00。
预约方式：	预约电话：0755-26640260。

89

深圳市茵冠生物生命未来馆

基地概况

深圳市茵冠生物生命未来馆位于深圳市茵冠生物科技有限公司（简称茵冠生物）内，该公司是专业从事细胞生物技术创新研发与转化应用的国家高新技术企业，由来自全球顶尖学府及研究机构的技术研发团队组建，硕士、博士人才占比40%以上，确保公司拥有领跑行业的技术实力。茵冠生物主导制定了多项行业质量标准规范，承担了20余项政府科技项目，数次获得国际生命与生物技术产业创新成果金奖，获得了近50项技术专利、5项高新技术产品认定和近30项科学技术成果。核心技术产品干细胞荣获国家唯一对生物制品拥有认定资质机构——中国食品药品检定研究院的复核认证。

茵冠生物致力于开发干细胞治疗药物，在退行性疾病、慢性病、神经系统疾病治疗领域均取得了重大突破。同时在CAR-T细胞治疗和以CRISPR-Cas9基因编辑技术为核心的基因治疗领域布局了丰富的细胞药物研发管线，以期为更多的难治性疾病患者提供更有效的生物医药产品，为人类的健康保驾护航。

茵冠生物拥有近2000m² 的生命未来馆及cGMP（动态药品生产管理规范）生产研发基地，基地有经验丰富的接待人员，具有多人和团队的成功接待经验。

茵冠生物荣誉墙

走遍身边的科普场馆——深圳篇

深圳市茵冠生物生命未来馆

科普活动

基地特色

茵冠生物拥有非常适合于中小学生科普的生命未来馆及 cGMP 生产研发基地。生命未来馆运用声、光、电等多媒体手段展示贯穿整个生命周期的知识；讲解团队由拥有 5 年以上生物行业讲解经验的专职讲师和超过 15 年细胞行业及基因生物技术的海归精英团队兼职讲师组成；茵冠生物拥有符合国际 cGMP 标准的生产研发基地和世界细胞研究前沿的先进设备；参访过程结合了有趣的实验、游戏进行科普，以趣味的方式传达生命健康的奥秘，调动学生的积极性，丰富参与者的体验感。

出行方案

基地地址： 深圳市光明区凤凰街道南太云创谷园区 1 栋 3 层。

附近交通： ①地铁站，凤凰城地铁站、长圳站；
②公交站，东长路口、华星光电。

接待时间： 周一到周五 09:00—12:00，14:00—17:00，周六、周日需要提前两天预约。

预约方式： 预约电话：0755-66835786。

深圳市龙华区市民健康体验馆

基地概况

深圳市龙华区市民健康体验馆是龙华区政府投资筹建的、全国首创的以健康科普为主题的系列公益互动式体验馆，也是龙华深化建设儿童友好型城市、深化建设全国健康促进区常态化的亮点项目之一，此项目由龙华区卫生健康局统筹，龙华区妇幼保健院（健康教育所）负责设计建设和日常运营。该馆目前共有3个场馆，分别是市民健康体验馆、妇女儿童主题馆和健康生活主题馆，可多层次、多形式和全方位地为儿童、青少年、妇女、中老年人等群体提供健康知识指导，是促进广大群众健康素养的"第一课堂"。

市民健康体验馆以健康四大基石为中心进行延伸设计，设有六大主题区域，包括生命健康区、膳食营养区、运动锻炼区、戒烟限酒区、心理健康区和健康技能培养区。

妇女儿童主题馆以"生命—健康—成长"为主题，以生命的成长旅程为脉络主线，共分为4个板块：妈妈的知识课堂、孩子的成长乐园、青春健康世界、女性关爱天地。

健康生活主题馆以"未病先防、乐享生活"为主题，分为慢病与预防、健康与生活两大主题区域，其中涵盖身边的"慢性病""三减三健""睡眠非小事"等8个板块。

市民健康体验馆活动合影

基地特色

市民健康体验馆

该体验馆拥有消化道太空梭（VR 游戏）、神奇的大脑、心血管系统、骨骼拼装、科学餐厅、膳食均衡、身体的成分、身体测试仪、食用植物油、反式脂肪酸、你的运动适量吗、龙舟竞赛（实操竞赛）、动感单车、酒驾现场（仿真实操）、舞动心灵、树洞里的秘密、健康知识知多少、垃圾分类、心肺复苏、血压测量仪等 20 多个主题体验区。

妇女儿童主题馆

该主题馆拥有孕前智库、生男生女谁决定、甜蜜好孕、孕周计算盘、孕期饮食餐单、分娩体验区、幸福母乳、"辣妈"教室、宝宝哭了、疫苗接种、消灭病毒、洗手六部曲、学刷牙、SOS 体验、出行安全知多少、不做捣蛋鬼、青春健康知多少、心灵驿站、跨越更年期等 20 多个主题小区域。

健康生活主题馆

该主题馆拥有你会喝水吗、你的身材标准吗、血压自测、透明屏肺模型、肺功能测试区、认识癌细胞、健康骨胳游戏、健康体重、了解你的体适能、口腔卫士、三减活动大挑战、对抗烟瘾、限酒行动、心肺复苏、心梗急救、膳食秘籍、电梯防疫、心灵畅想空间等 20 个多主题互动区。

科普活动（一）

心灵畅想空间

心肺复苏 + 心梗 + 戒烟主题互动区

健康讲解之星大赛

科普活动（二）

出行方案

基地地址： 市民健康体验馆，深圳市龙华区观湖街道碧和路润城社区工作站旁。

妇女儿童主题馆，深圳市龙华区民治街道汇龙湾花园3栋1层。

健康生活主题馆，深圳市龙华区福城街道悦兴路万科九龙山（东门）。

附近交通： 市民健康体验馆：①地铁站，竹村站（D出口）；②公交站，招商澜园站。

妇女儿童主题馆：①地铁站，红山站（D2出口）；②公交站，东泉新村站、高级中学北校区站。

健康生活主题馆：公交站，九龙山站。

接待时间： 周二至周日（周一、法定节假日闭馆）10:00—12:00、13:00—18:00。

预约方式： 通过"龙华妇幼健康"官网线上预约；预约电话：0755-23003472 / 23767244。

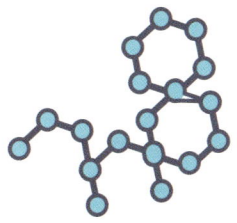

深圳红木家具博物馆

基地概况

深圳红木家具博物馆经国家批准，在广东省文化厅、深圳市政府和各级领导的关怀和支持下，于2014年建成并投入使用，是目前广东省的官方红木家具博物馆，被广东省政府和深圳市政府定位为深圳"设计之都""文化之都"的新亮点、新优势以及新名片。

博物馆建成以来，先后承办了第十届中国国际文化产业交易博览会（观澜红木文化产业集聚区分会场）、深圳首届红木家具文化艺术节等活动，被认定为深圳市科普教育基地、中国非遗书画院深圳创作基地，并与武汉大学达成学历教育战略合作。

深圳红木家具博物馆外观图

走遍身边的科普场馆——深圳篇
深圳红木家具博物馆

科普活动

基地特色

深圳红木家具博物馆通过各类活动的开展，积极推进深圳观澜红木产业和文化创意产业的发展，并有助于推动非遗项目保护和深圳观澜旅游业的发展。

鲁班锁比赛 开展青少年鲁班锁比赛活动，用互动的方式了解"榫卯"的工艺制作流程，实践检验真知，弘扬中国传统文化。

木工组装大赛 红木始终坚守匠心的传承，持有四大失传手艺，坚守六大核心工艺、108道工序，到博物馆感受现场匠师台上一分钟，台下十年功的"木上功夫"。

非遗技艺项目 学习书法、茶艺、插花，还可以体验非遗技艺项目，如团扇、书法、糖画、插花、斗拱窗花山水墨画等，中国传统美不胜收，寓教于乐。

出行方案

基地地址： 深圳市龙华区观澜镇裕兴路286号。

附近交通： ①地铁站，4号线观澜湖站（E出口）；
②公交站，观澜大水田村总站。

接待时间： 全年免费开放09:00—18:00。

预约方式： 免预约。

走遍身边的科普场馆——深圳篇
深圳书城龙华城科普示范点

深圳书城龙华城科普示范点

基地概况

作为推进全民阅读的主阵地及重要的公益性文化空间,深圳书城龙华城围绕"教育、展示、体验、互动"等四大功能模块,倾力打造少年儿童科普教育基地,策划了"牵牛花故事会""每月艺术""科普阅读推广"等形式多样的"科普+"活动,搭建了一个可感受、可交流的科普教育平台,赋能少年儿童全面发展。

深圳书城龙华城科普基地室内图

走遍身边的科普场馆——深圳篇
深圳书城龙华城科普示范点

深圳书城龙华城科普基地外观图

基地特色

牵牛花故事会 为培养儿童独立思考能力和学习实践能力,全力策划打造了"牵牛花故事会"亲子阅读科普品牌栏目,向儿童普及科学文化知识,涵盖科创启蒙、文化传承、探索世界、红色教育等领域。

"每月艺术"展览 线下充分利用书城公共空间,将艺术展览科普栏目广泛设置于各层书店附近的通道旁。利用"龙华书城"微信公众号发布主题宣传,通过"线上科普+线下展示"的方式向读者传达艺术作品背后的历史价值、文化价值、艺术价值,提高读者对审美艺术的认知。

出行方案

基地地址: 深圳市龙华区龙华大道4189号深圳书城龙华城负2层至7层。

附近交通:
①地铁4号线(清湖地铁站D出口);
②深圳书城龙华城公交站(B730、M302、M424、M517);
③文化广场东公交站(M202、M391、M554);
④龙华文化广场临时公交站:深莞1线、深莞2线、(M287、M421、M449、M464、M540)。

接待时间: 周一至周日 10:00—22:00。

预约方式: "深圳书城龙华城"微信公众号线上预约。

圳少年创新教育基地

基地概况

　　圳少年创新教育基地位于深圳市福田区红荔路1001号深圳市青少年活动中心，总面积超过 10 000m²，由深港交流馆、创想星球探知馆、奇趣创客馆、机器人竞技馆、WOW小剧场和圳少年水吧六大主题空间组成，此外还配有国学堂、图书阅读区以及开阔的外广场。基地先后获得"深圳市爱国主义教育基地""深圳市中小学思想政治教育基地""深圳市中小学社会实践教育基地""深圳市科普教育基地""深圳市少先队校外实践教育营地（基地）"称号。

　　基地以科技、创新为主题，拥有前沿的体验项目、完善的硬件设施、专业的定制式服务，不仅可以接待游客参观，还为学校提供研学教育科普服务以及公益类活动，鼓励青少年勇于创造、乐于创新，吸引上万青少年前来体验，是集玩、学、思、创为一体的综合型创新教育基地。

奇趣创客馆

机器人竞技馆

圳少年创新教育基地外观图

基地特色

- **深港交流馆** 以"深港情、育两城"为主线,讲述深港互动发展的故事,通过大量的多媒体展示及互动,展现一部带来震撼视觉体验的深港近现代编年史。

- **创想星球探知馆** 以宇宙探索与航天科技为主题,结合多种新兴视觉体验和体感互动元素,激发儿童和青少年对于航空航天的兴趣。

- **奇趣创客馆** 以探索创造手工制作为内容,让学生在实践中了解物理、机械等知识,汲取有关科创设计与科技发展的专业知识,拓展视野,培养创造能力与综合思维能力。

- **机器人竞技馆** 以大疆S1、机甲对战、意念蜘蛛等各类型机器人体验为主,让学生充分体验与机器人互动的乐趣,与未来人工智能时代成功对接。

- **WOW 小剧场** 可同时容纳150人,定期播放优质儿童剧及专业科教纪录片,举办汇报演出、文化交流活动和颁奖典礼等。

- **圳少年水吧** 位于场馆三、四楼夹层,提供各式简餐、小吃及饮品等,为家长和孩子打造一个休闲空间。

创想星球探知馆

深港交流馆

出行方案

基地地址： 深圳市福田区红荔路1001号青年广场北厅。

附近交通： ①地铁站，红岭站（A出口）；②公交站，红岭地铁站。

接待时间： ① 09:30—17:30（每周一闭馆，节假日正常开馆）；

② 周末及节假日开馆时间 09:30—18:00。

预约方式： 通过"圳少年服务号"或"深圳能源环保股份有限公司"微信公众号进行线上预约；

预约电话：0755-25950158，25950159。

走遍身边的科普场馆——深圳篇
深圳市福田区科技中学

深圳市福田区科技中学

基地概况

　　深圳市福田区科技中学的前身是景秀中学，创建于1994年，是全国唯一一所以科技命名的中学，现有教学班32个，专任教师120人。经过不懈努力，该中学已建设成为深圳市科技创新教育特色学校，在全省乃至全国科技创新教育界享有较高知名度，学校先后被评为"全国青少年创新教育学校""广东省青少年科学教育特色学校"和"深圳市科普教育基地"。自2001年起，学校率先进行了以创新思维开发为先导，激发创意并上升为创造的创新教育，现有多名科技创新专职教师，同时开设多门科技创新类校本课程，并配置了1500多平方米的广阔的学习场所，包括创意中心、手工制作室、机械制作室、数控制作室、电子创客中心、成果展示中心等，并配备有大型激光雕刻机、数控机床、车床、钻铣床、无人机、3D打印机等教学设备。近两年，学校建设了VEX机器人工作室、BDS机器人工作室、学生发明成果体验区等，并陆续增加学生科技

科普竞赛（一）

科普竞赛（二）

深圳市福田区科技中学科普基地外观图

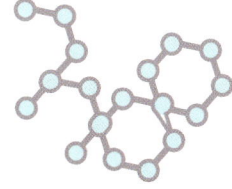

活动辅导读物和指导教材数量,为科技创新教育活动的开展创造更加良好的条件。学校创立的创客大挑战活动现已成为深圳市青少年科普教育的品牌活动,还先后承办深圳市知识产权大奖赛、区科技节等大型科普活动,每年吸引5000余人次来学校考察学习。

基地特色

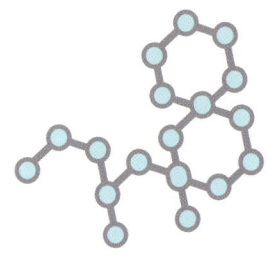

双管齐下，打造校园文化的新载体

学校每年对科技创新教育场地设施进行投入，现已有为数众多的科技创新教育活动场地。目前，学校已经开工建设建筑面积达 15 000m^2 的 AI 教育大厦，后期将继续建设相关科技实验室。

推陈出新，升级未来人才的孵化器

学校自主研发必修课程《学会创新》，初中一年级每班每周1课时。此外，学校还针对学生的不同兴趣打造多元科技创新课程体系。未来，学校将在现有课程的基础上全面打造具有学校特色的 STEAM 课程体系。

以赛代训，搭建学生活动的大舞台

学校多次成功承办大型青少年科技创新竞赛活动，并成功开展"福科杯"创客大挑战和"科技嘉年华"科技创新成果展示活动。未来该校继续努力将学校大型特色科技创新活动向全省、全国推广，为更多学生提供唤醒自我、展示自我的舞台。

科普实验

创客大挑战

出行方案

基地地址： 深圳市福田区景田北一街 29 号。

附近交通： ①地铁站，景田地铁站（F 出口）；
②公交站，科技中学站、科技中学西站。

接待时间： 周一至周日 09:00—17:00。

预约方式： 预约电话：0755-83932727。

深圳书城中心城实业有限公司

基地概况

深圳书城中心城实业有限公司（简称中心书城）是全国首家体验式书城，2006年11月开业，总体建筑面积约8.2万m^2，经营面积约4.2万m^2。中心书城提供1000余家国内外出版机构的近30万种中外出版物，组合100多个创意生活类项目，年均接待读者近千万人次，中外参观考察团100余批次，年举办各类文化和科普活动800余场。

中心书城以阅读生活为核心，将书业、文化、商业、设计、创意、展览等元素在书城空间进行融合，形成以书业为核心层，以教育培训、创意文化为紧密层，以配套休闲为外延层的圈层业态结构，打造了一个集阅读学习、展示交流、聚会休闲、创意生活于一体的复合式城市文化生活空间，从单一的售书场所转变成为市民提供文化休闲生活的"城市文化客厅"。2015年至今，连续多年获得"全国文明单位"称号，并荣获"中国超级书城""中国实力书城""全国家庭亲子阅读体验基地"；全国及广东省出版物发行行业"文明店堂"；广东省及深圳市"文明示范窗口""广东省诚信示范企业""深圳市五四青年奖章集体""市直机关工委优秀党支部""深圳文化名片""深圳读书会优秀文化空间""福田区改革创新先进集体"等荣誉称号。

中心书城外观图

基地特色

丰富的科普知识资料库 科普类图书、宣传海报及科技产品陈列展区面积达 $1150m^2$，拥有科普类读物 6300 多种，5.7 万多册。基地常态化开展主题、场景式科普教品展览，为亲子家庭提供科普知识学习平台。

亲子家庭科普互动体验 该书城全方位、立体式打造了玩、乐、学的一体化科普平台，孩子可参与各类科普文化活动，如深圳读书月"年度十大童书"评选活动、夏令营、冬令营、主题研学活动、青少年科普及家庭教育等，通过系列科普互动体验，推广科学教育和智慧成长的理念。

大型公益性科普活动 该书城每年承办科普类公益宣传教育活动约 200 多场，开展"育儿讲堂""童书帮帮堂""健康会客室""沙沙讲故事""童筑未来"等公益文化品牌活动，具备科普活动承办、集合资源等能力，不断满足读者对科普知识多元化需求。

AI 智能科技书城 该书城是国内首个 AI 智慧书城，AI 智能屏，通过人脸识别推荐图书；实时大数据可查看整座书城的动态；听书瀑布屏可听书；同时还具备智能导购、一键导航、活动直播、智慧停车等智能化功能，实现"一部手机逛书城"的智慧体验。

出行方案

基地地址： 深圳市福田区福中一路 2014 号。

附近交通： ①地铁站，少年宫站（D 出口或 C2 出口）；
②公交站，中心书城北、莲花山公园、少年宫站。

接待时间： ①周一至周四 10:00—22:00；②周五 10:00—22:30；
③周六 09:30—22:30；周日 09:30—22:00。

预约方式： ①预约电话：0755-23992013；②线上预约，通过"深圳书城中心城"和"深圳书城亲子阅读中心"微信公众号预约。

深圳市运动损伤防治科普基地

基地概况

深圳市运动损伤防治科普基地是北京大学深圳医院运动医学和康复医学专业硕士培养点,成立于 2006 年,从无到有,从小到大,经历了初建、扩展、提高几个跳跃式发展阶段,围绕"科有重点、室有特色、人有专长"的学科发展规划,开展重点专科建设。

经过十几年的努力与奋斗,基地已初步形成运动损伤康复、神经康复、脊髓损伤康复、肌肉骨骼康复、疼痛康复、儿童康复 6 个亚专科,以运动损伤康复为重点,许多创新性的评估与治疗项目在国内率先开展,并保持领先。

深圳市运动损伤防治科普基地外观图

基地特色

基地建筑面积 2700m², 其中包含 700m² 功能康复区, 并配有专业师资队伍和专项经费支撑。

基地采用微博、微信、公众号、短视频、电视采访、纪录片等多种形式长期致力于运动损伤防治的科普宣传, 宣传内容新颖, 专业人员充足、热情高涨。

发起"科学运动,全民健康"科普公益行动,其中通过"科学运动进校园"活动让专业医师、康复师以及运动防护师下沉到校园,与体育教师、校医、家长、学生等携手合作,有效减少并治疗运动损伤,提高学生身体素质和运动水平。"科学运动进社区"打造"医院—社区—家庭"三级联动的运动处方制定、运动训练指导的创新模式,为慢性病和亚健康人群提供运动损伤科普知识。

出行方案

基地地址: 深圳市福田区莲花路 1120 号。

附近交通: ①地铁站, 2/8 号线景田站 (D 出口);
②公交站, 北京大学深圳医院站。

接待时间: 工作日09:00—17:00。

预约方式: 通过"北京大学深圳医院"微信公众号线上预约。

深圳海关食品检验检疫技术中心

基地概况

深圳海关食品检验检疫技术中心（以下简称食检中心）于2005年3月经中央机构编制委员会办公室批准成立，隶属于深圳海关，是一家专业从事进出口食品及食品添加剂、食用农产品、化妆品等质量安全检测的大型技术机构，是原国家质量监督检验检疫总局认定的质检科普基地和深圳市科协认定的食品安全科普教育基地。

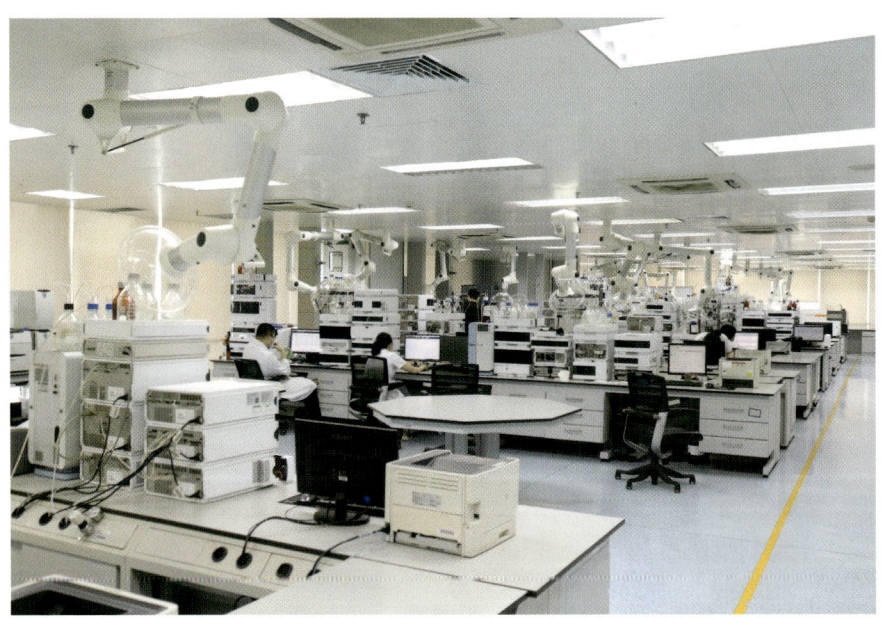

深圳海关食品检验检疫技术中心实验室

走遍身边的科普场馆——深圳篇
深圳海关食品检验检疫技术中心

食品安全科普讲堂

基地特色

食检中心建筑总面积为 20 000m^2，其中展教区域占地 1900m^2，包括食品检验实验室区域、多功能室和科普知识展示廊等。每年的深圳科技周和全国科普月期间，食检中心可组织市民参观现代食品检验新型设施设备，了解食品检测技术，学习食品如何科学选购，参与食品检测实验室互动体验等。

食品安全大讲堂内容丰富，针对多种年龄结构、不同行业领域的人群有专业的科普授课专家和课程，包括适合学生的"选购零食的秘密"，适合老年人的"保健品选购学问大全"，适合餐饮行业从业人员的"餐厅后厨质控及餐厅提级关键知识"，适合食品生产企业人员的"食品添加剂的合理利用""食品包装标签知识"和"食品生产安全监管法律法规"等，因材施教，为市民带来食品安全科普实用知识，实现科普活动"快乐学、获益多"的宣传效果。

出行方案

基地地址： 深圳市福田区福强路 1011 号深圳海关福强路办公区。

附近交通： ①地铁站，10 号线福民站（J1 出口）；
②公交站，联合广场公交站。

接待时间： 周一至周五（09:00—17:00）。

预约方式： 预约电话：0755-84394052。

深圳市科学馆

基地概况

深圳市科学馆于1987年建成,位于深圳市福田区上步中路1003号,建筑面积为1.2万 m^2,活动场地面积为3000m^2,是深圳市20世纪"一次创业时期"由市政府重点投资建设的"八大文化设施"之一,也是国内最早建成的科普场馆之一。

深圳市科学馆现有常设展厅3层,共5个主题展区,分别是创造展区、探索展区、思维展区、引领展区和水展区,常年开设有科普3D电影、电磁大舞台、科学表演等多个科普项目。

深圳市科学馆秉承"弘扬科学精神,普及科学知识,传播科学思想和科学方法"的宗旨,所有展厅及各项活动均免费开放。

深圳市科学馆外观图

基地特色

电磁大舞台 电磁大舞台主要包括4件表演展品，分别是怒发冲冠、沿面放电、特斯拉线圈和法拉第笼。它们结合了声光电的立体空间感和舞台剧的炫丽感，营造出一个神奇的科学氛围。

科学演示台 科学表演台通过展示和重现一些经典有趣的科学实验，在讲解老师的带领下解密这些奇妙现象下蕴含的科学原理，了解生活中的科学，激发对科学的兴趣。

3D科普影院 3D科普影院是一项免费开放的公共性文化娱乐项目，目的在于宣传科普知识，普及科学技术。

模拟地震体验小屋 模拟地震体验小屋是通过环境模拟和虚拟技术的结合，真实再现地震"可怕场景"，模拟各级地震和各类地震，在体验地震的过程中，了解和学会在地震中如何避免灾难、如何自救，学习各种地震科学知识，以提高防灾减灾意识，掌握灾难来临时抓住生机的技能。

防灾减灾弧幕剧场 防灾减灾弧幕剧场配备特效系统，根据影片情节精心设计出烟雾、雨水、光电、吹风、震动等效果，形成了一种独特的体验，全方位刺激视觉、听觉、触觉等各种感官，再现影片所处的环境以及主人公的感受，带给观众身临其境的体验。

出行方案

基地地址： 深圳市福田区上步中路1003号。

附近交通： ①地铁站，地铁1/6号线科学馆站（A出口）；地铁2号线燕南站；②公交站，市总工会站、兴华宾馆东站、兴华宾馆西站。

接待时间： ①周三至周五（10:00—17:00）；②周六、周日及法定节假日（09:30—17:00）。

预约方式： 无需预约。

华强北博物馆

基地概况

华强北博物馆是深圳市福田区的区属国有博物馆，位于深圳市福田区华强北路1058号广博现代之窗大厦5楼，占地约3000m²，于2020年12月30日正式开馆。

华强北博物馆常设展览为"创业的摇篮，创新的天堂"，展览包括发展梦、创业梦、创新梦、未来梦4个篇章。馆内藏品是面向社会各界公开征集而来，每一件展品都与华强北密切相关，且许多是首次公开展出，这些展品见证了深圳自1979年以来的改革发展与变化，是华强北的工业、人文和经济发展的重要历史见证物。

华强北博物馆是以讲述华强北创业者故事，体现华强北自强不息的人文精神，展现深圳改革开放成就精华为核心主脉的博物馆。该馆展陈内容以呈现华强北商圈发展历程，浓缩深圳改革开放成就精华为主，细数中国电子行业历史为核心主脉。

科普活动（一）

科普活动（二）

基地特色

激动人心的博物馆 华强北博物馆记录了改革开放 40 年来华强北的发展历程，重点展现了华强北人生生不息的创梦逐梦的精神，无数华强北人砥砺前行的奋斗史，让观众激情澎湃。

新潮的博物馆 时尚科技元素贯穿了博物馆的布展方式，带给观众最酷最潮的参观体验和感受。

好玩的博物馆 馆内设置了多个趣味体验加互动的环节和项目。

出行方案

基地地址： 深圳市福田区华强北路 1058 号广博现代之窗大厦 5 楼。

附近交通： ①地铁站，1 号线华强北站（A 出口）；2 号线华强北站（E2 出口）；

②公交站，赛格广场站。

接待时间： 周二至周日 10:00—18:00(17:30 停止入馆，逢周一闭馆，节假日另行通知)。

预约方式： 通过"华强北博物馆"微信公众号线上预约。

深圳商报

基地概况

深圳商报是深圳市唯一一家信息传媒类科普基地，拥有丰富的信息传媒资源，科普宣传平台包含科技财经特色报纸《深圳商报》、深圳科技特色网站读创网和中国商事主体第一端读创，此外还有微信公众号、微博、视频号、抖音号等传播平台，真正实现报网端全媒体覆盖。其中，《深圳商报》是深圳报业集团四主报之一，是深圳市委主管的重要党报，以科技、财经报道为主要特色，是科技和科普传播的重要阵地。此外，深圳商报社开设有深圳媒体中的首个科普工作室——深圳商报科普工作室，与市科协联合打造的深圳科学通讯社，为全市各科技社团、科普基地的科技传播和科普宣传服务。

参观深圳商报科普教育基地

基地特色

深圳市唯一一家信息传媒类科普基地。

设有报史馆，帮助市民了解深圳发展史和深圳商报社创业史。

设有全媒体中心，帮助市民了解媒体由传统纸媒向新媒体转型融合发展的演变历程。

拥有全流程采编业务部门，市民通过学习报纸版面设计、排版等流程，从而了解报纸的生产过程。

出行方案

基地地址： 深圳市福田区商报路2号新媒体大厦。

附近交通： ①地铁站，2号线莲花山西站（A3出口），2/9号线景田地铁站（C出口）；

②公交站，深圳商报社、景新花园、商报大厦、鲁班大厦。

接待时间： 周一至周五（09:00—11:30 14:00—17:30）。

预约方式： 预约电话：0755-82774957。

Free Sky 云际观光层

基地概况

Free Sky 云际观光层,傲居深圳新地标 547.6m 海拔高空,可 360°鸟瞰深圳四方八面不同景观与城市风貌。观光层打造了 36 个离地高 547.6m、荣获世界纪录的悬空玻璃观景台,游客可踏出云际,步步惊心,享受悬浮高空的刺激感。观光层内部涵盖镜面迷宫、光影隧道、环幕厅、VR 体验区等多个功能空间,以先进的智能多媒体设施,展示丰富的深圳特色文化。这里是品味深圳繁华与自然辉映的绝佳地点,同时亦可通往 114 层的阻尼器设备层,充分了解现代摩天大楼的"定楼神器",直观了解阻尼器在摩天大楼里的运作方式及重要性。

Free Sky 云际观光层科普基地外观图

走遍身边的科普场馆——深圳篇
Free Sky 云际观光层

科普活动

基地特色

有国际主流艺术博物馆展品的展出，了解深圳市的同时体验一场艺术的盛典。

走进平安金融中心 通过参观平安金融中心1:300的缩小模型，了解平安金融中心的业态分布，市民可在此区域初步了解大楼结构与大楼不同楼层所具备的作用。

科学与艺术的碰撞 身临其境感受黑科技光影隧道、镜面迷宫的神秘穿梭，乘坐OLED多媒体超高速电梯，电梯速度达到10m/s，约55s即可登上116层达550m高度的观光大厅。观光大厅的360°环绕构造能让参与者实地俯瞰深圳各个区域改革开放的历史进程。大厅还

探索定楼神器——阻尼器 探索位于114层的庞然大物"定楼神器"——亚洲最大的主动式电磁阻尼器，揭秘阻尼器工作原理及保护楼体安全的神秘力量。

研学活动 Free Sky云际观光层可组织不同类型的研学课程活动，如深圳之巅小课堂、红领巾云端小讲师、小小消防员等。研学活动不仅仅对青少年科普超高层建筑知识，更是架起一座了解深圳历史、传递深圳文化的桥梁。

出行方案

基地地址： 深圳市福田区福田街道福安社区益田路5033号平安金融中心B29，平安金融中心116楼（售票处位于平安金融中心北塔B1层）。

附近交通： ①地铁站，购物公园D出口；②公交站，购物公园地铁站；③自驾车，停车至平安金融中心北塔停车场。

接待时间： 全年开放时间（特殊天气或者节假日接待时间以官方通知为准）10:00—20:00（入场时间：10:00—19:15）。

预约方式： 可通过官方公众号或者现场购票方式入园。

深圳怡丰自动化科技有限公司

基地概况

深圳怡丰自动化科技有限公司位于龙岗中心城，占地 5 万 m^2，是国家级高新技术企业、广东省怡丰智能制造工程技术研究中心、深圳市校外实训基地、深圳市科普教育基地、龙岗区科普教育基地，是自动化立体停车设备、工业机器人、自动引导运输车（AGV）、自动立体仓储系统的研发和生产商，该科技园还在香港科学园有研发公司及科技团队。

深圳怡丰自动化科技有限公司包括五大功能区域，分别为展厅、自动化停车体验区、机器人展示区、互动交流区、车间生产区。怡丰科技产品获中央电视台《新闻联播》和财经频道、路透社电视台、俄罗斯国家电视台、香港《大公报》等多家媒体报道。怡丰科技的设备已在香港、澳门、深圳投入使用。该科普教育基地多次接待过香港、澳门及深圳各界人士参观交流。

深圳怡丰自动化车库

科普活动合影

基地展厅

基地展厅

科普活动（一）

基地特色

特色展厅

包括影像播放、图文介绍、产品零件展示、知识产权展示等，参观者可迅速了解公司文化及产业情况。

自动化停车体验区

包括半自动机械式停车设备、全自动停车设备、智能塔库、停车实验室车库等，参观人员可直观体验自动化停车的安全、稳定、便捷和舒适，快速入门智慧车库的停车流程，接受新智能交通的创新停车方式。

机器人展示区

包括机器人叉车、机器人分拣等，各类工业机器人全方位展示，无人化存取，无人驾驶定位导航。

互动交流区

包括座位、投影仪、话筒等，是参观者与科普人员互动交流的场地，为他们提供适当的交流环境。

车间生产区

包括生产设备、生产制作流程等，参观者在科普人员的指引下，近距离了解工业生产环境及现代生产技术。

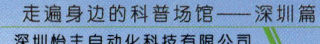
走遍身边的科普场馆——深圳篇
深圳怡丰自动化科技有限公司

深圳怡丰自动化科技有限公司外观图

出行方案

- **基地地址：** 深圳市龙岗区龙岗街道五联一路9号怡丰工业园。
- **附近交通：** 怡丰工业区公交站（B629、M307）。
- **接待时间：** 周一至周六（08:30—17:30）。
- **预约方式：** 通过怡丰官方网站和"怡丰智能停车"微信公众号线上预约。

深能环保龙岗能源生态园（水莲之境数字艺术展览馆）

基地概况

深能环保龙岗能源生态园（水莲之境数字艺术展览馆）作为国际低碳城首批国家低碳城（镇）试点重点项目，龙岗能源生态园外观采用圆形设计外观，象征生命的循环与能量的再生，让城市废弃物在这里焕发新生，契合圆满、圆和的"深能圆"理念，既彰显环保理念，又融于自然生态。项目还配套建设科普教育基地、咖啡厅等居民回馈设施，成为我国首批集"产、学、宣、研、游"五位一体的开放、低碳、生态、花园型综合体环保设施，化邻避变邻利，完成城市生活垃圾处理设施向地标性、邻利性新型市政设施转变，做到"与自然为邻，与居民为伴"，实现"建一座工厂，还一座公园"的环保理念。

深能环保龙岗能源生态园（水莲之境数字艺术展览馆）鸟瞰图

生态园展厅

基地特色

- **垃圾与环境关系展厅**　该展厅主要介绍全球环境问题和国内外垃圾分类与处理情况，引导中小学生从自身做起，共同打造环境质量"深圳蓝"。

- **多功能影院**　该影院播放科普教育宣传片，宣传"尊重自然、顺应自然、保护自然"的核心精神。

- **垃圾分类科普大讲堂**　该讲堂邀请深圳市城市管理局垃圾分类办公室专业讲师，详细讲解垃圾分类知识，指导如何打造"深圳蓝"。

- **空间形式的融合**　以水的"线"与莲的"圆"重新演绎睡莲，串联空间，线与圆的无限组合、流动，既让空间是无限延展的，形式是开放的，功能是无界的，又达到整体空间形式的统一，呼应主题。色调以黑白灰为主，材料为半透明织物、穿孔铝板、镜面不锈钢、乳胶漆、橡胶地面等材质为主，低调简约。

- **空间的功能融合**　连续曲线墙面划分，串联组合成一楼和四楼两条参观主动线，分别营造艺术人文和科技未来的氛围，高潮空间和过渡空间相结合。空间形式与功能融合，形成既有现代审美需求又蕴含"睡莲"文化底蕴的空间。

出行方案

- **基地地址：** 深圳市龙岗区坪地街道四方埔社区环保路1号。
- **接待时间：** 周一至周六（09:00—17:00）（暂定）。
- **预约方式：** 通过"深圳能源环保股份有限公司"微信公众号和深圳市生活垃圾分类科普预约平台进行线上预约。

深圳中医药博物馆

基地概况

深圳中医药博物馆由北京中医药大学深圳医院（龙岗）创办，是一座以收藏展示中医药领域珍稀动植物藏品为主的行业博物馆，馆藏众多珍稀、罕见、贵重的中药标本、动物的剥制标本、蜡叶标本和保色浸制植物标本，以及常用的中药饮片标本共2000余件，包括稀有巨大的灵芝、沉香、檀香、肉桂、肉苁蓉、雪灵芝、麝香、牛黄、金毛狗脊等国内外名贵珍稀标本，藏品奇特而丰富。

深圳中医药博物馆自开放以来接待了来自国家、省市以及不同国家和地区的中医药专家及文化爱好者，年接待参观人数一万余人。深圳中医药博物馆长期开展中医药科普宣传及知识普及工作，近年来分别获批"广东省科普教育基地""深圳市科普基地"，首批"深圳市中医药健康文化宣传教育基地""深圳市中小学思想政治教育基地""深圳市儿童友好实践基地"。2020年11月博物馆"中医药文化进校园"项目荣获深圳市"终身学习品牌项目"。该馆以弘扬中华民族优秀中医药文化为宗旨，全面展现中医药学深邃的哲学智慧和中华民族几千年的健康养生理念及其实践经验，在中医养身保健、健康科普等方面为公众提供展示交流平台。

深圳中医药博物馆外观图

基地特色

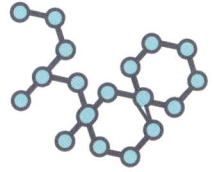

青少年特色科普活动

深圳中医药博物馆联合教育部门推动中医药文化进校园，建设中医药健康文化知识角，开展中医药文化课堂教育等。同时将中医药文化普及与本院的技术特色相结合，组织各类亲子夏令营、冬令营、临床中医诊疗体验及中医适宜技术学习、"我是小中医"等活动，培养青少年对传统中医药文化的认同与热爱。

打造中医药互动体验项目

深圳中医药博物馆不断深入开发丰富多彩的中医药互动体验项目，如古代老药铺体验、手工制作中药香囊、手工草本中药画、制作艾条、开展"药用植物种植计划"等，培养对中医药文化的学习兴趣，运用多种方式提高参与度与体验感。

中医科普与党建双融合

深圳中医药博物馆坚持科普宣传工作正确的政治方向，突出自身特色，坚持以为民办实事为鲜明本色，定期开展"中医大讲堂"、中医养生操八段锦教学、中医养生茶品尝等文化体验活动，在党群服务中心打造中医药健康文化阵地，让党员群众共同参与，宣传中医药健康文化，满足群众需求。

博物馆内百草园

博物馆内中药无土栽培基地

认识药用动物科普活动

制作中药香囊科普活动

制作中药盘画科普活动

中医药文化进社区、进企业

针对不同人群，依照"因时制宜、因地制宜、因人制宜"原则，深圳中医药博物馆开展中医药文化进社区、进企业科普活动，通过设立讲座区、展览区、义诊区和体验区等，推广中医药的理念、知识、方法和产品，推动中医药更好融入老百姓生活，增强群众的中医药自我保健能力，提高生活的获得感、幸福感、安全感。

百草园识药辨药

百草园内金银花、土沉香、樟树、红豆杉、龙血树、枸杞、木棉花等中草药错落有致地分布其间，并建设有橘井泉香、杏林春暖等中医文化场景，发挥科普宣教和中医药健康旅游等多种功能。

中药无土栽培"易趣坊"

中医药文化"易趣坊"采摘园，采用无土栽培方式种植中药材。通过学习栽培原理及作用，现场辨药采摘、品尝药食同源中药材等丰富多彩的方式，让市民更生动更直观地感受中药种植的过程，让传统医药更能深入人心。

中医药核心价值观文化体验活动

该馆以中医药文化为主体，融合时代文化特征，传达中医文化中"仁、和、精、诚"的中医文化价值理念，体现出中医中药的自然科学魅力及人文内涵。借助多媒体手段，在开展爱国主义教育的同时，引导大家养成正确的生活方式、学习态度，不断提升综合素质。

学习基本养生穴位按摩科普活动

八段锦趣味教学活动

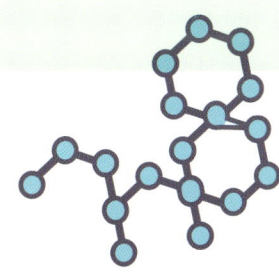

出行方案

基地地址： 深圳市龙岗区体育新城大运路1号北京中医药大学深圳医院科教楼二楼。

附近交通： 公交站，北中医深圳医院站、黄阁翠苑站。

接待时间： 全年开放（开放时间08:00—12:00、14:00—17:00），周一不接受团队预约，特殊情况闭馆请关注公告。

预约方式： 深圳市科普网网站预约；预约电话：0755-28338833 转 1222/1225。

深圳市垃圾分类科普研学基地及新材料科普基地

基地概况

深圳市通产丽星科技集团有限公司成立于1984年，深耕高端化妆品、保健品、食品塑料包装及新材料产业，覆盖创意设计、材料研发、包装制造、化妆品生产、检测认证、塑料包装、废弃物循环利用等化妆品全产业链。公司围绕时尚和大健康产业持续推进，是国际一线品牌包装解决方案行业的领导者和行业标准的制定者。公司旗下八六三检测中心是面向国内外客户服务的权威第三方检测机构，中心通过中国合格评定国家认可委员会（CNAS）认可，并具备美国注册管理会计师（CMA）资质，主要从事新材料研发、科研成果转化和推广应用、材料分析检测评价、高端人才培训等业务。

公司利用自身产业优势打造了一体化塑料包装回收利用的垃圾分类科普研学基地及新材料科普基地，包括近2000m² 科普展示区和2000m² 产业化工厂基地，作为生产设施类科普基地，基地始终坚持理论与实践相结合，力求做到紧跟前沿科技资讯，组织富有创意的互动环节和实操活动，科普内容紧扣世界时代发展脉搏，包括可回收物分类、塑料分类、废塑料循环再生、新材料前沿发展等相关知识，积极面向全社会广泛传播。

科普讲座

走遍身边的科普场馆——深圳篇
深圳市垃圾分类科普研学基地及新材料科普基地

科普活动（一）

基地特色

垃圾分类科普研学基地

垃圾分类回收体验。参观者通过亲身参与体验互联网模式回收、分类分拣，并分享垃圾回收的收益和成果，使其对垃圾分类回收的种类、垃圾分类处理工艺和处理流程有了进一步了解，同时对可回收垃圾分类处理技术有了直观认识。

低碳小讲堂。通过观看"敬畏塑料"宣传影片，参观者对塑料的前世今生有一个更深刻的认识，了解有关塑料循环利用的知识，身临其境感受塑料垃圾对环境以及人类生活的危害，并成为塑料分类、塑料垃圾循环利用的宣传者和践行者。

环保明星制造局。学生在基地的环保打卡点完成现场知识分享、有奖答题等活动并领取绿色生态礼品，普及环保知识和参加系列丰富多彩的互动小游戏，可以极大地提升对生态环境保护的兴趣和关注。

变废为宝加工厂。学生通过参观分拣车间、pcr产线及木塑生产线，了解废塑料回收的过程中，掌握科学的回收方法、实践操作守则，体验废塑料的再生之旅，使其对环保及塑料回收有更进一步认识和体验。

奇思妙想手工屋。通过利用废弃的塑料瓶、纸盒、铁丝等物品，学生可以进行DIY手工制作，令奇思妙想变成触手可及艺术品及生活用品，通过此类思维开放的课程，可以培养学生热爱劳动及创造美的意识，引导学生树立正确的劳动价值观。

垃圾分类机械臂。机械臂机械化可以有效地帮助人们分拣垃圾。机械臂在分类垃圾的实操过程中，能激发学生的学习兴趣、观察能力等。

新材料科普基地

材料知识长廊。学生通过参观知识长廊的科普展板，了解最前沿的科技知识和材料知识，零距离感受材料的奥妙，认识各大领域材料的特点和功能，增强对材料科学的兴趣。

科普活动（二）

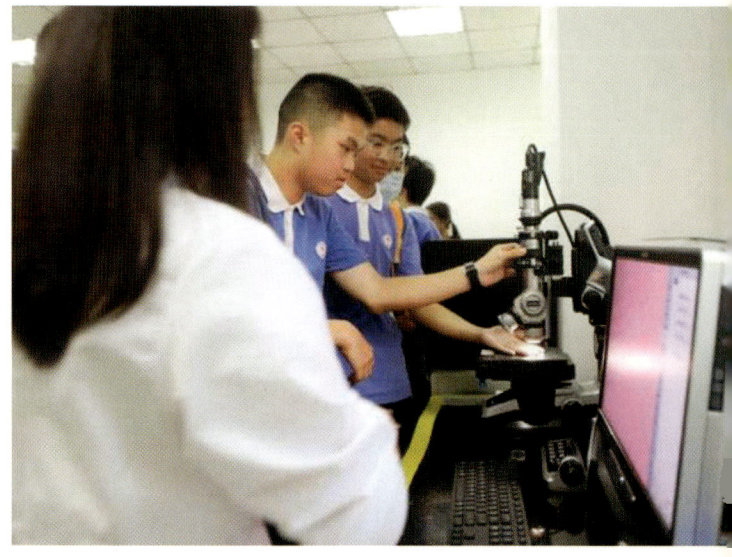

科普活动（三）

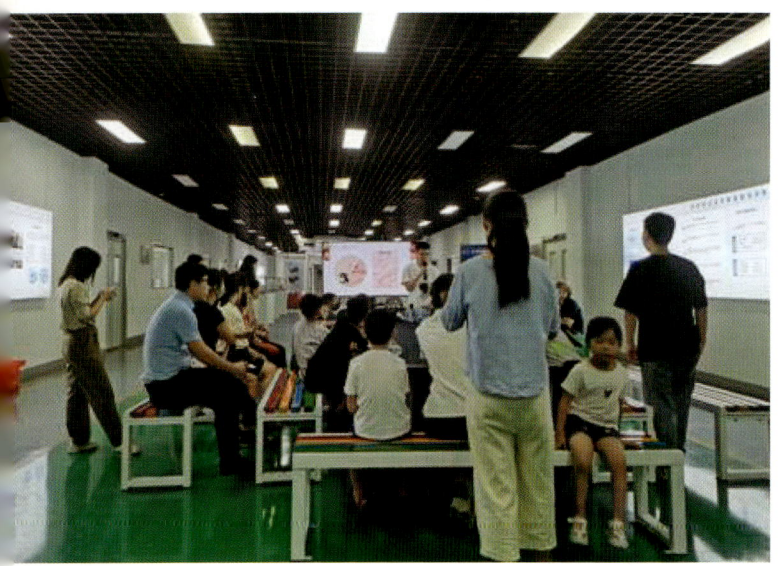

工厂参观

材料时光隧道 学生通过现场科学实验，从参与科学实践中，掌握科学研究方法和操作准则，通过此类思维开放的课程，可以引导学生对所学知识进行延伸，积极主动地去发现、去寻找、去探索，提高学生的领悟能力。

材料科学研究家 学生充分结合化学、物理以及生物等知识学科，体验最先进的材料设备和技术，走进材料世界探索的神奇之旅。激励学生建立专业兴趣、提升学习热情，引导学生树立专业思想、增强专业认同感，促使学生主动担当行业发展的使命与责任。

材料世界体验馆 学生通过参观实验室，观摩一系列试验操作，了解材料的奥秘，学习材料的来世今生，综合所学知识进行延伸，引导学生如何选择材料，提高学生独立思考问题的能力，激发学生对材料与物质材料的兴趣。

深圳市垃圾分类科普研学基地及新材料科普基地外观图

出行方案

- **基地地址：** 深圳市龙岗区龙岗大道1001号通产丽星科技。
- **附近交通：** 公交站，坪西路口站。
- **接待时间：** 周一至周五（09:00—11:00，13:30—16:30）。
- **预约方式：** 通过"深分类及深圳市通产丽星科技集团有限公司"微信公众号线上预约（需提前7天预约）。

博雅极客教育基地

基地概况

博雅极客教育基地是广东省科普教育基地，依托香港中文大学（深圳）以及深圳市人工智能与机器人研究院（AIRS）而成立，是深圳市政府设立的十大基础研究机构之一，致力于培养具有全球视野、富有创新精神、勇于追梦的杰出青少年。基地定期面向中小学生及公众举办科普参观活动，通过科普讲解、视频展播、实体演示、互动体验等方式让小极客们近距离接触最前沿的科研成果，探讨科学与艺术的融合、智能与生命的关系，激发灵感，共同畅想人工智能与机器人的未来。

博雅极客科普教育基地配有专业研发测试场地，小极客们可以参观科学家们的工作场所，深入了解无人驾驶、无人帆船、四足机器人等项目，还可以亲手制作机器人，与大咖面对面交流，沉浸式体验科研的乐趣。

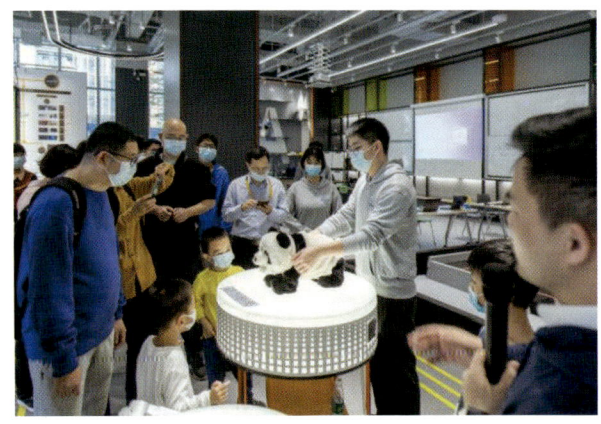

科普活动（一）

科普活动（二）

科普讲堂

科普研学合影

科普活动

科普参观

走遍身边的科普场馆——深圳篇
博雅极客教育基地

专题开放日

以AIRS在研的课题为基础，教授或研究人员开设主题讲座，让学生们了解科研热点和前沿知识以及研究成果的应用价值。

系列实践课程

每期课程将带领学生设计、制作、调试，最后产出属于自己独有的完整实体作品，达到理论与实践的闭环，激发学生的创造力。表现优异的学生还有机会参与AIRS的科研项目。

冬/夏季研学营

本项目长期与国外名校合作，开展课题竞赛和开放式课题研究，安排导师一对一指导，名校大学生分享高考经验，交流学习心得。表现优异的学生有机会获得教授推荐信或参与AIRS科研项目。

基地特色

出行方案

基地地址： 深圳市龙岗区坂田街道雅宝路1号星河WORLD G栋大厦1层G101B-102。

附近交通： ①地铁站，雅宝站（A出口）；②公交站，五和雅南路。

接待时间： 周一至周日 09:00—17:00（参观需提前预约）。

预约方式： 通过"香港中文大学深圳IRIM"微信公众号线上预约。

富翔航空俱乐部飞行营地

基地概况

富翔航空俱乐部飞行营地于2019年6月成立，隶属深圳富翔航空科技有限公司，是一个集飞行体验、飞行执照培训、航空科普教育为一体的飞行营地。营地建成以来，将新奇有趣又紧张刺激的飞行体验带给了越来越多的游客，将天空变成人们的乐园，实现"航空盲"向"航空热"的转变。飞行体验丰富了人们的娱乐生活，航空科普充实了青少年的基础飞行知识，由此激发人类向往飞翔的本能，培养游客的飞行兴趣。

飞行营地位于惠州市博罗县观音阁通用机场，现有一条680m×60m的草坪跑道，空域审批飞行高度3000m，可供游客在云端俯瞰不一样的神州大地。专业的飞行体验和飞行设备，对于新手来说毫无压力。

航空飞行体验，不仅仅是一种飞行体验，也是生活的一部分，是兴趣的引导源，希望更多的孩子与大人，能够在飞行中感受快乐，通过发展通航文化，推动通航事业发展。

基地特色

飞行体验

坐在轻型运动飞机上，俯瞰祖国的山河美景，尽情体验飞行带来的刺激与快乐，在飞行中学习操作，在操作中掌控飞行。全程以真机飞行体验为主，带您体验飞行的乐趣与刺激，增强三维空间的感知能力。在这里，您可以化身帅气机长，与蓝天白云进行深度交流；您可以作为观光体验的旅行家，为自己的生活开启一个新的篇章；您可以是充满想象的孩童，增长知识，开启人生新方向。

真机讲解

了解飞机结构和飞行原理，通过真机飞行学习飞机驾驶，提高三维空间的感知能力。

飞行体验

出行方案

- **基地地址：** 广东省惠州市博罗县观音阁镇菱湖村菱湖桥中花航空飞行基地。
- **附近交通：** 自驾，距离惠州市区约1小时车程，距离广州、深圳市区约2小时车程。
- **接待时间：** 全年开放 09:00—12:00、15:00—17:00（提前两日预约）。
- **预约方式：** 通过"富翔航空俱乐部"微信公众号线上预约。

※ 富翔航空龙岗体验馆

基地概况

富翔航空龙岗体验馆于 2020 年 8 月成立，隶属深圳富翔航空科技有限公司，是一座倾情打造的梦幻版本的航空飞行模拟体验研学基地，始终坚持以六轴全动飞行模拟器作为专业培训模拟器供飞行学员进行地面训练，同时作为航空科普设备走近青少年，帮助他们在体验飞行的过程中学习相关的航空知识，达到"寓教于游""寓学于游"的目的。

富翔航空龙岗体验馆努力打造龙岗科普教育研学的新动向标。六轴全动飞行模拟器，学员可在地面上体验飞行在空中的失重感及真实飞行的驾驶感，享受沉浸飞行的快乐。

富翔航空龙岗体验馆以飞行视频、飞机课程讲解、模型拼装等为主要的展示手段，全馆采用航天背景，寓教于乐，寓教于学，为学员全面科普航空飞行知识。

趣味航空科普电影

走遍身边的科普场馆——深圳篇
富翔航空龙岗体验馆

小小机长驾驶飞机

基地特色

飞行拍照区 一踏入大门,映入眼帘的飞机壁画深深刻入脑海,鲜艳的色彩,搭配长长的跑道,纵向的深入使游客不得不在此留下一张满意的照片。

模拟器体验区 专业的六轴全动飞行模拟器,全真座舱1比1打造,近200个模拟器已加入国际民航组织(ICAO)的国内外机场场景,多种天气选择,体验飞行的快乐。

动手操作区 不仅有手工木质飞机,更有乐高拼装飞机供您选择。

航空知识学习区 大屏幕播放着飞行动画和研学视频,接收着来自老师的谆谆教导。

出行方案

基地地址: 深圳市龙岗区龙城街道留学生创业园一园南区117-119富翔航空。

附近交通: 公交站,天安数码城西站。

接待时间: 全年开放,09:00—12:00、15:00—17:00。

预约方式: 通过"富翔航空俱乐部"微信公众号线上预约。

※ 威圳航空飞机生产基地

基地概况

威圳航空飞机生产基地于2018年5月成立,是一个精心打造的航天飞机生产制造研学基地,对于研学,始终保持着"寓教于游""寓学于游"的初心,坚持生产制造与青少年科普共同推进。寄情于飞机,将雏鹰送归蓝天,使飞机搭载梦想是基地前行的动力。

威圳航空飞机生产基地占地7.32万 m^2,以生产制造、研学科普的一体式发展模式,助力汕尾,发展通航,倾情教育,和谐共赢。基地全程以走进

威圳航空飞机生产基地

走遍身边的科普场馆——深圳篇
威圳航空飞机生产基地

基地特色

飞机生产线、工程师面对面授课教学、近距离观察飞机制造为主，带游客体验真实的飞机生产过程。

基地以展览、真实生产材料、工作生产线、模拟器飞行体验为主要研学授课方式。金属质感的生产材料、碳纤维的飞机框架、六轴全动飞行模拟器，每一个航空元素都在刺激着你的求知细胞。在这里，你可以是小小机械师，伴随着机器的轰鸣，叮叮当当的响声体验飞机制造的快乐；也可以坐上六轴全动飞行模拟器，体验翱翔天空的雏鹰之旅。

模拟器体验区
进入六轴全动飞行模拟器中，体验穿越云层的飞行乐趣，沉浸在小小机长的激情与快乐中。

飞机展示区
近距离触摸飞机，与飞机合影。

航空科普讲解
奇思妙想的小脑袋有什么问题都可以一吐为快，既吸收了老师传授的知识，又能使困扰的航天问题得到解答，真正走近航天飞机。

飞机历史沿革区
与航天的各种"前辈"会面，了解它们的飞行过程，体会航空历史文化的灿烂与厚重，与不同类型飞机邂逅。

出行方案

基地地址： 汕尾市海丰县城东镇生态科技城一期综合服务区创业路领地与天屿北侧。

附近交通： 公交站，时代名都站。

接待时间： 周一至周六 09:00—12:00、15:00—18:00。

预约方式： 通过"富翔航空俱乐部"微信公众号线上预约。

深圳市绿航星际太空科技研究院

基地概况

深圳市绿航星际太空科技研究院（简称太空院）是深圳市人民政府与中国航天员中心战略合作成立的新型科研机构，是开展载人航天技术研究、技术转化和航天科普教育的综合性平台。

太空院建设有专业的航天科普展馆、科普设备体验室及科普教室等，基地建筑面积达 22 000 m^2。场馆内拥有国内最大的密闭受控生态生保试验舱（火星基地）、长征系列火箭模型、神舟返回舱模型、天宫一号模型、神舟六号航天服真品等丰富多样的航天类展品。

太空院还配备了航天员超重训练设备，航天员模拟失重训练设备，VR 体验类设备等。

太空院成立了以航天科技工作者为主体的专业科普团队，开发了"航天员是怎么炼成的""航天食品课程""氢能源实验课程""中国火箭知识"等一系列航天科普教育相关课程。科普活动以"参观+体验+课程"为主，在专业讲师的带领下了解中国航天的发展历史，了解各类航天器，体验航天员训练项目，领悟中国航天精神和科学家精神，提升学生的意志品质，增强其民族自豪感。

深圳市绿航星际太空科技研究院外观图

基地特色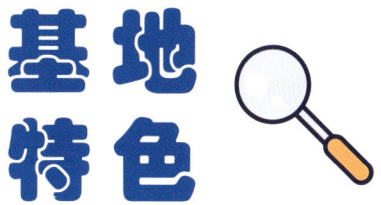

探秘火星基地

太空院在2016年圆满完成"绿航星际——4人180天受控生态生保系统集成试验"，此试验是掌握地球外星球基地生命保障系统技术的重要开篇，在这里，可以近距离的参观火星基地。

航天主题科普参观

在专业讲师的带领下，参观航天工程技术展厅及航天健康技术展厅，学习中国航天相关的科普知识，了解我国载人航天的科研技术成果。

超重耐力训练

体验航天员乘坐火箭飞天时的感觉，以及了解航天员如何克服在太空飞行过程中所遇到的各种不良身体反应，离心机的重力加速度体验训练可提高心血管的耐受力。

模拟失重训练

利用水的浮力来抵消人体所受的重力，让学生体验在太空中失重的感觉。

飞行模拟训练

模拟真实火箭升空，从现实生活中观察不到的视角展示火箭发射时的各种物理现象，并搭配实时科普知识讲解，让体验者沉浸式地参与登陆月球和火星的过程。

出行方案

基地地址： 深圳市龙岗区坪地高桥社区沙庙路12号。

附近交通： ①地铁站，三号线双龙站（A出口）；
②公交站，白石塘站。

接待时间： 周一至周日 09:00—18:00。

预约方式： 预约电话：0755-89219056。

深圳技师学院科普基地

基地概况

深圳技师学院科普基地自 2019 年建成以来，依托学校"国家高技能人才培养示范基地"及产学研合作融合的优势，加强基地科普资源内涵建设，有科普讲座、科普展览、科普教育、科普服务为四大主体功能。通过传统手段与科技手段相结合，用多媒体形式展示，使参观者在动手参与的过程中接受科学知识。

深圳技师学院科普基地外观图

基地特色

开放校内实训室,深圳技师学院一直将开放实训室作为科普工作的主要形式之一,让参观者直观地感受到高新技术产生的过程。

依靠校园人才优势成立科普团队,向社会各阶层人士开设高新技术科普课程和讲座。

充分整合和利用学校资源,积极参加全国科技活动周和深圳科普月活动,开展形式多样的社团和社区科普活动,向社会传播大众化的科普知识。

出行方案

- **基地地址:** 深圳市龙岗区龙岗街道五联社区将军帽路1号。
- **附近交通:** ①地铁站,3号线吉祥地铁站(D出口);
  ②公交站,深圳技师学院。
- **接待时间:** 工作日 09:00—18:00(特殊时间安排以公众号通知为准)。
- **预约方式:** 预约电话:0755-83231425。

龙岗区平安里学校慧雅创新学院

基地概况

龙岗区平安里学校慧雅创新学院以"平实安定，厚德仁里"为校训，在"德才至善，和谐发展"办学理念的引领下，以培养"和""融""慧""雅"的阳光少年为育人目标，学校在龙岗区率先打造了第一个面向中小学生的创客实践室，这也是深圳设立的首个"创客教育示范基地"。学校还荣获"全国创客教育示范学校""深圳市智慧校园""深圳市首批创客实践室""少年科学院""深圳市科普教育基地""全国 STEM 教育领航学校"等荣誉称号，致力于打造成科技创新教育的排头兵。

学校坚持培育学生创造能力和想象力，建立了慧雅创新学院创客中心（独立科普教育基地），并根据不同年龄段的孩子开展了相对应的创客活动，通过活动培养竞争意识。学校通过创客活动会选拔出一些学生参与各级各类比赛，不仅能丰富他们的阅历和知识，也起到了一定的示范引领作用。

龙岗区平安里学校慧雅创新学院门厅

基地特色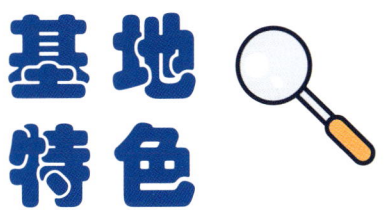

专家进校园活动

该学院拥有强大的师资资源，成立了由中国创客第一人李大维、全国知名创客教育专家谢作如等20余名专家组成的创客导师团，并定期请专家周期性开展线上线下科普讲座。

特色培养

该学院坚持以培养"和融慧雅"的阳光少年为目标，培育学生的创造能力和想象力，建立了慧雅创新学院创客中心（科普基地），并针对不同年龄段孩子开展相应的创客活动和社团课程，开设了常规科普创客课程，通过开展丰富的课程加强孩子科学素质教育。

童创公司

童创公司是学生自己组建的科普宣传公司，通过学生自己开发设计售卖产品，不仅有很好的职业体验也达到了很好的科普宣传作用。

主题科技节活动

该学院跟随国家科技发展方向在不同时期开展不同主题的科技节活动。

优选参赛

该学院支持在科普课和社团活动中表现优秀的学生参加各类各级科普类竞赛活动。

出行方案

基地地址： 深圳市龙岗区中心城平安里学校（夏长路86号）。

附近交通： ①地铁站，6号线八卦岭站（E出口）；
②公交站，龙岗党校公交站。

接待时间： 因疫情原因，接待时间待定。

预约方式： 预约电话：0755-83231425。

深圳·红立方

基地概况

深圳·红立方建筑面积 10 000m^2，共设置了科学之基、工业之兴、科创之路、生命之谜、寰宇之梦五大通龄展区，并依据龙岗区人口结构特点设置了情景化的以儿童科学探索为主题的 Idea 乐园，还配置了居里小屋、牛顿课堂、哈雷课堂、九章庭等公共教室，及时提供各类科普活动、科普课堂、科普秀等公共教育活动。馆内 300 余组展品展项的 80% 为互动展项，中小学基础科学知识点覆盖了 80%，同时含有部分前沿科技内容。

深圳·红立方外观图

基地特色

科普表演

科普表演是一种新颖的教育活动模式，科普辅导员用炫彩夺目的形式，像表演魔术一般将蕴涵着丰富理化知识的现象展现在观众的面前，深受广大观众的喜爱。

公教课堂

公教课堂是深圳·红立方为中小学生打造的第二课堂，学生可在课余时间学习公教课堂中开设的公益课程。课程均为红立方展教部门教研组自主研发，涵盖了科学、艺术、人文三大模块，提升了动手能力，激发了学习兴趣，增加了成长自信。

兴趣营团

深圳·红立方夏令营系列活动围绕科技、艺术、人文三大模块，以培养学生的观察、倾听、表达、思考、探索、创造能力为核心目标，最终升华为解决问题的能力。用最真实有趣的科技和艺术展项为教学辅助，展开情景式教学。兴趣营团在于激发学生浓厚的学习兴趣和探索欲，锻炼团队协作能力，培养其正确的爱国主义情怀和社会主义核心价值观。

出行方案

基地地址：	深圳市龙岗区龙城街道龙翔大道8028号深圳·红立方。
附近交通：	①地铁站，3号线龙城广场地铁站（D出口）；②公交站，世贸百货。
接待时间：	①逢周一闭馆（法定节假日除外）；②周二至周四 09:30—18:00（17:30 停止入馆）；③周五至周日 09:30—21:30（21:00 停止入馆）。
预约方式：	预约电话：0755-83088208。

韩端人工智能产学研基地

基地概况

韩端人工智能产学研基地，主要面向青少年的STEPAM教育，促进韩端人工智能优秀成果转化，主要分教育机器人编程体验区、人形机器人体验区和人工智能体验区。

基地致力于整合STEPAM教育、创客教育、人工智能、少儿编程等创新科技教育，在开展活动的过程中将教、学、想、造4个阶段相融合，让学生具备创新思维的知识、意识和能力。课程主要有人工智能科普学习、国际科技文化交流、赛事实训等几大板块。

基地在开展研学实践活动中将研学旅游与机器人赛事、传统文化和教育相结合，充分展现人工智能和机器人特色，探索人工智能时代素质教育新模式，把机器人研学打造成为极具特色的科普课程。

竞赛现场

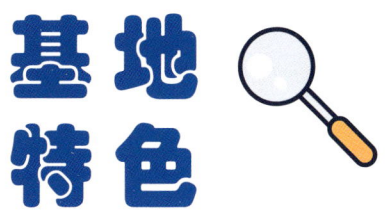

基地特色

机器人与科学启蒙讲堂

启蒙讲堂围绕机器人发展史、机器人运用衍生发展史相关知识，主要面对幼儿普及科学技术，以国内外的机器人发展历程、机器人在生活中的运用、我国科技发展历程为主要内容，让孩子感受科技教育的魅力。

AI人工智能主题营

主题营主要面向中小学生，让科学知识在学生中得到普及和推广，提高学生的科技素质，培养学生对科学技术的兴趣和爱好，增强其创新精神和实践能力，引导学生树立科学思想、科学态度，让学生学会在活动中感知，在活动中交流，在活动中学习，在活动中陶冶情操，让学生各方面的能力都得到锻炼和提升。

机器人赛事

机器人赛事主要有韩端自主运营的赛事平台——IYRC国际青少年机器人竞赛，教育部"白名单"赛事——全国中小学信息技术创新与实践大赛（NOC）、世界机器人大赛（WRC）、世界物联网博览会青少年物联网创新创客大赛（IYRC创意电子赛项）。

基地地址： 深圳市龙岗区龙城街道留学人员创业园一园1F125-127。

附近交通： 可坐M230、M276、M280路公交到天安数码城西，步行150m即可到达。

接待时间： ①周三至周五（09:00—18:00）；②周六、周日（09:30—17:30）。

预约方式： 通过http://www.handuankeji.com/tygjs.html 线上预约。

深圳蓄能发电有限公司科普基地

基地概况

深圳蓄能发电有限公司（以下简称深蓄公司）科普基地依托南网储能股份有限公司深蓄公司所建设管理的抽水蓄能电站实体，围绕抽水蓄能电站在整个电网中的功能作用、建设技术、运营维护和在实现"双碳"目标中的意义和地位等方面，开展"双碳"目标和维护城市电网安全稳定等方面的科普宣传教育。深圳抽水蓄能电站（以下简称深蓄电站）位于深圳市龙岗区和盐田区交界处，是我国首座在超大城市内建设的抽水蓄能电站。

深蓄电站承担了深圳电网调峰、填谷、调频、调相以及紧急事故备用、改善系统的运行条件等功能。电站枢纽工程由上水库、下水库、输水系统、地下厂房系统和地面开关站等建筑物组成，工程设施占地约 130 万 m^2。电站装机容量 1200MW，安装 4 台额定功率 300MW 的单级单转速立轴可逆式蓄能机组，主要设备全部由国内厂家独立设计、制造、安装调试。

科普活动合影

基地特色

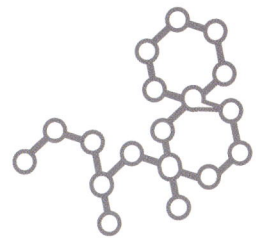

深蓄电站是我国首座在超大城市内建设的抽水蓄能电站，在深圳电网发挥调峰、填谷、调频、调相、黑启动、储能等作用，是南方电网系统内第一个获得国家优质工程奖的电源项目，是深圳电网最大的"绿色充电宝"。

基地依托深蓄电站生产现场，采取理论授课、现场体验、研讨互动相结合的方式，生动鲜明地开展科普讲解和宣传。通过展厅内的电子沙盘和模型的讲解，宣传抽水蓄能电站工作原理、电力基础知识和绿色环保相关知识；通过对地下厂房等生产区域的讲解，对电站的运行方式、水工建筑物结构形式等知识进行科普教育；在上水库进行游学式参观，通过游览与周边生态环境融为一体的电站上水库，掌握和了解水工建筑物结构形式以及"绿水青山就是金山银山"的电站生态环保理念。

出行方案

基地地址： 深圳市龙岗区园山街道新横坪公路 307 号深圳蓄能发电有限公司。

附近交通： ①地铁站，3 号线永湖站（A1 出口）；
②公交站，混凝土公司站。

接待时间： 周二至周五（需提前预约）。

预约方式： 只接受团体预约
微信 shenxu201809 线上预约。

中国丝绸文化产业创意园

基地概况

中国丝绸文化产业创意园（简称中丝园）位于深圳市龙岗区素有"中国第一村"之称的南岭村，是国家文化产业示范基地、全国科普教育基地、国家AAA级旅游景区。中丝园占地面积3.6亿 m^2，建筑面积4.2亿 m^2。

中丝园以传承和弘扬丝绸文化为宗旨，集创意设计、科研创新、展示交易、旅游休闲、情景购物、青少年素质教育、互动体验等功能为一体，连续12年成为深圳文博会分会场。

中国丝绸文化产业创意园外观图

基地特色

中丝园主要通过展演、培训、讲解、互动体验、青少年科普教育等形式开展科普活动，用实际行动践行"弘扬丝绸文化从娃娃抓起，从学校抓起"的宗旨，普及丝绸文化知识，丰富中小学生课余生活，充分发挥全市中小学生创新动手能力。活动内容涵盖丝绸文化博览（丝绸起源、文化风俗、工艺流程、艺术品鉴）、科普展示（蚕的一生、丝绸文化制品展）、科普讲堂（丝绸文化知识小课堂、中国传统服饰文化专题讲座）、体验互动（蚕宝宝爱心领养、丝绸工艺体验 DIY 手工扎染 / 手绘、中国手工刺绣现场演示和体验）、丝绸文化推广及讲解。

出行方案

基地地址： 深圳市龙岗区南湾街道南岭村社区南新路 12 号。

附近交通： ①地铁站，3 号线木棉湾站（B1 出口）；
②公交站，南湾街道办。

接待时间： ①周二至周日，09:30—17:30。

预约方式： ①预约电话：0755-89382222-818；
②关注"深圳中丝园"公众号，点击菜单栏的"门票预约"即可预约；
③平台预约：支付宝小程序、美团等第三方购票平台。

深圳市爱子乐阅读馆

基地概况

深圳市爱子乐阅读馆是一家民办非企业的公益儿童阅读馆，主要为0～12岁的小朋友及其家庭提供免费图书阅读和借阅服务，及各类阅读延伸活动。目前运营横岗四联馆、沙塘布馆、园山安良馆和六约麟恒馆4个馆。深圳市爱子乐阅读馆先后获评广东省科普E站、深圳市全民阅读推广示范单位、深圳市4A社会组织、深圳市全民阅读推广活动优秀组织单位、深圳青少年发展爱心机构先行示范·筑梦湾区先进单位、龙岗区首届深圳科普月活动优秀组织单位等多项称号。深圳市爱子乐阅读馆开展"月科学，越有趣"、"爱自己"亲子阅读、"一个孩子·一本书"、"乐乐米"艺术节等17类公益项目，截至2022年11月已开展各类活动5600余场，总服务人次达56万人次。拥有固定会员8000名，图书总借阅150万本次。

深圳市爱子乐阅读馆门厅

走遍身边的科普场馆——深圳篇
深圳市爱子乐阅读馆

深圳市爱子乐阅读馆内景

深圳市爱子乐阅读馆根据自身特色与优势，以科普绘本为媒介，结合手工、游戏互动、情景表演等阅读延伸，开发了"科普亲子阅读系列活动"。项目搭建了一个亲子阅读、科学普及、亲子娱乐的平台，以科普绘本为依托进行亲子共读活动，以好玩、有趣的阅读延伸活动进行呈现，将枯燥无味的书本知识用一个个新奇、易于操作的活动授予孩子，让孩子领略科普魅力，进而转化成求知的动力，通过活动读懂了一本本科学绘本故事，培养孩子阅读兴趣的同时传播普及科学知识，提高亲子科学素养。活动在馆内定期开展，通过海报二维码形式免费报名。

基地特色

出行方案

基地地址： 龙岗区横岗六约东城中心花园 D1 座 2 楼（深圳市爱子乐阅读馆）。

附近交通： ①公交站，六约社区公交站下车→步行至麟恒中心广场工商银行→右转 50 米至东城中心社康内侧电梯二楼→爱子乐阅读馆；
②地铁站，塘坑地铁站 C 出口左转沿龙岗大道往布吉方向直走第一个红绿灯过对面工商银行→直走至东城中心社康内侧；
③驾车，六约麟恒广场地下停车场→往出口方向至 D 座停车场→D1 座商业电梯至二楼大堂→左转到东城中心社康→内侧电梯至二楼→爱子乐阅读馆。

接待时间： 周二至周日 09:00—12:00，13:00—18:00，周一及节假日闭馆。

深圳市安多福消毒科技有限公司

基地概况

深圳市消毒清洁科普教育基地（简称基地）位于深圳市安多福消毒科技有限公司总部——盐田北山工业区，占地面积约1500m^2，是深圳市盐田区文化馆的健康分馆，基地内设消毒实验室、医疗消毒防护、国防消毒防护、生活消毒防护、养殖消毒防护、微生物科普专区、未来讲坛七大科普专区，涵盖消毒防护在各个领域的具体应用，同时基地还设置图书阅览专区。

基地采用国际先进声光电系统，主场地设有超大影像投影和多台影像交互操作设备，各个专区设有独立声光影像系统，基地提供消毒清洁教学实践道具。市民可以在体验区通过科学小实验，更深入了解常用消毒防护类产品的使用原理和使用范围，以及各类微生物的特性。微生物通过科学实验进行放大，使参与的市民能够学习知识、动手操作、亲身体验，了解微生物在生活中带给我们的利与弊，并将科学的消毒防护知识带到生活中，增强市民对流行病的防疫能力，提高市民的消毒清洁意识，做好疾病预防。

深圳市消毒清洁科普教育基地大楼　　　　　　　　科普展厅接待前台

走遍身边的科普场馆——深圳篇
深圳市安多福消毒科技有限公司

科普展厅分区（一）

科普展厅分区（二）

基地特色

基地采用探究实践、项目引导、互动体验、课题研究等活动方式，通过七大科普专区，让市民了解如何做好消毒清洁及传染性疾病的预防。市民可以通过预约的方式，在专业技术人员的指导下，在科普体验区进行模拟实验操作。

未来讲坛主要开展关于疾病预防、微生物、生命科学等科普内容的讲座。届时基地将邀请国家、省、市级行业专家开展讲座，市民可以通过课堂互动、亲身体验等方式，全方位、多角度对消毒防护和健康生活进行全面了解。

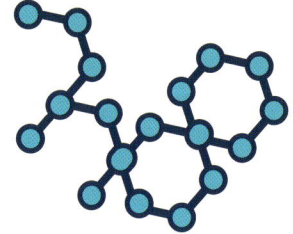

基地还结合世界卫生组织设立的与健康相关的纪念日和中国的传统节日，推出针对性的科普活动，如"三八"妇女节，举办女性常见疾病的预防及护理讲座，关爱女性健康；"六一"儿童节开展手足口疾病知识宣传和预防、高发性流感病毒知识宣传和预防等。

走遍身边的科普场馆——深圳篇
深圳市安多福消毒科技有限公司

科普活动合影

"致敬逆行者,探秘生命科学"科普行

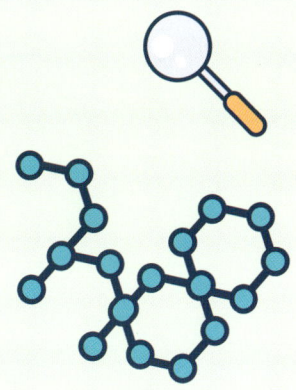

未来讲坛专区

出行方案

- 基地地址：深圳市盐田区盐田北山工业区7栋2楼。
- 附近交通：①地铁站，盐田路站（D出口）；
  ②公交站，北山工业区站、盐田双拥公园站、庚子首义学校、东海丽景花园。
- 接待时间：全年开放（开放时间：09:00—12:00、14:00—17:00）。
- 预约方式：①深圳市科普网线上预约；
  ②预约电话：0755-88829606。

深能环保盐田能源生态园（深圳市垃圾分类科普教育基地）

深能环保盐田能源生态园外观图

基地概况

　　深能环保盐田能源生态园通过科普展厅参观、现场观摩、多媒体互动与游戏体验、图文讲解、动手实践、科普讲座等形式，全方位、多角度展示生活垃圾对城市的空气质量、土地质量、水体质量的巨大影响，在普及垃圾分类、垃圾焚烧发电知识，宣传环保电厂先进理念的同时，提升市民对环境保护的意识和社会责任感，培养市民"城市因您而美"的生活理念。

走遍身边的科普场馆——深圳篇

深能环保盐田能源生态园（深圳市垃圾分类科普教育基地）

垃圾分类体验学习活动合影

基地特色

深能环保盐田能源生态园是集生活垃圾处理、科普教育、休闲娱乐、工业旅游四位一体的现代化环保电厂。基地总面积约4000m²，主要分为综合楼展厅、科普连廊以及环保厂区3个部分。

综合楼展厅一楼通过大屏幕向市民展示"垃圾围城"的严峻形势，通过"认识生活垃圾""垃圾分类与减量""国内外垃圾处理方式""生活垃圾处理流程""深圳垃圾分类互动查询"等版块为市民深入浅出地介绍全球环境问题下的垃圾分类减量工作。综合楼展厅四楼为科普体验中心，主要以互动体验为主。科普体验中心通过垃圾分类游戏、互动趣味问答、回收流程展示等形式，让市民在寓教于乐的同时了解垃圾分类的相关知识。

科普连廊阶梯式绿化带，在不同的季节会有不同的花开放，让盐田能源生态园一年四季都有不一样的景色。市民行走在科普连廊，不仅可以欣赏到山中的美景，还可以了解到深圳政府及企业处理"垃圾围城"所做出的努力。

环保厂区向市民展示垃圾焚烧处理工艺中的细节，包括集控室、发电机组、封闭垃圾池的参观，以及中控数据、工艺流程等的讲解。

出行方案

基地地址：深圳市盐田区盐田街道永安社区盐田垃圾发电厂内。

接待时间：周一至周六 09:00—17:00。

预约方式：通过"深圳能源环保股份有限公司"官网及微信公众号线上预约。

深圳市华大基因学院

基地概况

深圳市华大基因学院成立于2011年,是华大集团专门从事生物类人才培养的民办非企业组织,也是广东省和深圳市授牌的科普教育基地。依托华大集团的科研平台,学院开展生命科学领域的教育培训和科普工作,积累了丰富的经验,与大中小学和其他教育机构建立了广泛的合作。由学院创建并管理的科普平台——华大创享空间,重点实践中小学生基因科普教育,常年开设科普参观、生物科普实验等基因科技主题类科普活动。

通过参观讲解、科普讲座、趣味实验等方式,让学生能认识和接触基因科学。学生可以通过参观和老师的讲解初步了解基因科技,甚至亲自动手体验生物科学实验。另外,学院还与学校合作,开展进校课程,为学生们设计以基因科学为核心的生物科学类科普课程。

深圳市华大基因学院外观图

走遍身边的科普场馆——深圳篇
深能环保盐田能源生态园

活动场景图

主题特色展馆

可参观深圳华大基因博物馆和国家基因库，近距离接触基因科学。

经典分子生物学实验

通过实验了解基因科学相关知识，不同年级和知识背景的学生可选择不同难度的实验项目，时长由几个小时的单项实验到几天的定制主题课程不等。

科学实验室和进校课程

通过系统的生物学知识讲解，结合实验操作，加深学生对DNA、基因等概念的理解。

"华小青"未来科学家培养计划

该计划是针对对生命科学感兴趣且未来有计划致力于相关学术研究的青少年提供科研实践类项目。报名参与本计划的同学需要通过专家组面授选拔，择优录取。

基地特色

出行方案

基地地址： 深圳市盐田区北山工业区综合楼9楼。

附近交通： ①地铁站，2/8号线盐田港西站（A1出口）；
②公交站，北山路口站。

接待时间： 全年开放 09:00—18:00（国家法定节假日除外）。

预约方式： 预约电话：0755-36352044。

深圳市仙湖植物园

基地概况

深圳市仙湖植物园是专注于热带、亚热带植物种质资源保育，开展高水平基础和应用研究，为城市提供园林绿化指导，开展创新科普教育和文化活动的专业机构。

该园区重视物种收集，以丰富的植物种质资源成为国家重要的物种保育基地；重视景观建设，以打造最美植物园为目标，为游客提供一流的游览体验；重视基础研究，在苏铁、木兰、苔藓、蕨类和苦苣苔等类群和基因组的研究上，居于领先水平；重视科普教育及文化活动，时有耳目一新的展览和培训课程，服务青少年和社会大众；园区组织的"粤港澳大湾区·深圳花展"和"深圳森林音乐会"等文化活动深受市民喜爱。

"亲近大自然"科普研学活动

基地特色

自然科普展馆

园区建设有深圳古生物博物馆及多座植物专类科普展馆，是公众探索古生物及植物奥秘的绝佳场所。

自然教育活动

依托1.2万种植物物种的收集保育、植物科学研究及植物生态景观，植物园定期开展系列自然教育活动，活动及课程内容丰富多彩，为市民提供了生动有趣的自然科普教育第二课堂。

植物生态景观与科普教育

园区设有涵盖不同植物的形态结构知识、植物文化、植物功能和景观特色等内容的科普解说牌，满足广大市民在游览期间获取丰富植物科普知识的需求。

自然艺术展览与公众文化活动

传播自然生态文化，倡导精雅生活，植物园定期开展系列自然艺术展览及公众文化活动。自然艺术展览展现了自然、科学、艺术的完美融合，其中举办的"深圳森林音乐会"深受市民喜爱。

出行方案

基地地址： 深圳市罗湖区仙湖路160号。

附近交通： ①地铁站，2/8号线仙湖路站（C出口）；
②公交站，仙湖植物园站。

接待时间： ①购票入园：每天08:00—18:00；②免费入园：每天06:00—8:00、18:00—21:30，③闭园，每天21:30—次日06:00。

预约方式： 预约电话：0755-25738430 或关注"仙湖植物园"微信号线上预约。

IBC珠宝艺术世界

基地概况

IBC珠宝艺术世界面积约1.1万m^2，包含展教场地泛珠宝格式艺术中心、世界宝石墙、珠宝展览艺术馆、珠宝文化长廊、珠宝文化集市、珠宝艺术世界、珠宝艺术馆、珠宝艺术展厅。

IBC珠宝艺术世界以珠宝文化为主题，以情感交流为主线，打造珠宝品牌新艺术空间，是集文化展示、交互体验、游玩娱购于一体的珠宝艺术文娱轻旅聚集地。

通过听趣味故事讲解，参观IBC世界宝石墙，观看宝石灯光秀，徒手撕云母、动手挖宝石等一系列互动体验课程，使珠宝文化元素重塑感官体验和互动消费体验，打造出鲜明珠宝主题的科普施教区，沉浸式的氛围使教学体验更生动，宛若身临其境，让更多游客感受到珠宝的特色魅力。

IBC珠宝艺术世界全景图

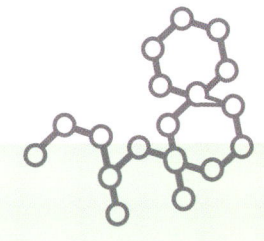

基地特色

吉尼斯世界纪录宝石墙

世界宝石墙在 2020 年被认定为创吉尼斯世界纪录，所含宝石来自 30 多个国家，包含不同国家与地区的文化精髓，见证着世界珠宝文化的交流与融合，呈现出一幅巨大的世界地图宝石壁画，代表着"珠宝+"无限遐想。

"小小宝石学家"宝石科普课程

此课程是针对少儿珠宝知识学习和珠宝设计的创作活动，旨在提高少儿对珠宝设计的兴趣，让家长和儿童共同参与创作，在珠宝设计师的指导下，将设计图变成珠宝作品。

IBC 珠宝艺术世界体验馆

馆内分为创意馆、视觉馆、听觉馆、触觉馆、味觉馆 5 个体验单元以及 AR 婚纱体验区。

出行方案

基地地址： 深圳市罗湖区东晓街道独布社区布心路 3008 号水贝珠宝总部大厦。

附近交通： 地铁站，3 号线水贝地铁站（B 出口）。

接待时间： 周一至周五 09:00—18:00（依据活动情况而定）。

预约方式： 预约电话：0755-25129000 或通过"IBC 珠宝艺术世界"微信公众号线上预约。

深圳市罗湖区中医院

基地概况

深圳市罗湖区中医院科普教育基地由罗湖医院集团国贸中医馆、百草园、中医药文化社区、仙桐健康大讲堂4大部分构成，基地主体中医药文化社区位于深圳市东部风景秀丽的梧桐山脚下。基地展厅占地面积约500m²，分为多媒体现场课堂区域、图书阅览区、原植物浸制标本展区、原药材标本展区、中医药历史文化展区和动物标本展区等。

深圳市罗湖区中医院外景图

基地特色

科普活动

多媒体现场课堂区域和图书阅览区

该区域为患者、职工以及参观者提供了一个很好的学习和交流的场所，结合特殊的节气组织安排专题体验活动，如香囊的现场讲解和制作，传统剪纸活动体验等。

原植物浸制标本展区和原药材标本展区

原植物浸制标本展区展示的是经过特殊液体浸制处理的原植物标本；原药材标本展区展示的是没有切制过的中药原药材，展现中草药入药前完整的形态。

中医药历史文化展区

该展区主要讲述中医中药的发展历程，特别是岭南中医的发展脉络，以及中医的特殊诊疗方法等，配合展出相应的展品。中医的发展历史展区展出相关的中医理论典籍，中药的发展历史展区展示的是采药、捣药以及制药工艺的器具。

动物标本展区

该展区展出的是经过特殊处理的动物的标本，这些标本栩栩如生，采用有别于传统的展示方法，为动物标本营造栖息的小环境，拉近与参观者的距离，大大提升了这座小型中医历史文化展馆的灵动气息。

出行方案

基地地址： 深圳罗湖区莲塘仙桐路 16 号罗医集团罗湖中医院（上海中医药大学深圳医院）。

附近交通： ①地铁站，2/8 号线莲塘站（A 出口）；②公交站，罗湖区中医院站。

接待时间： 工作日 09:00—11:00 15:00—17:00（18:30 闭馆）。

预约方式： 预约电话：0755-82311699（提前三天电话预约）。

深圳市兰科植物保护研究中心

基地概况

深圳市兰科植物保护研究中心（简称兰科中心）位于罗湖区梧桐山脚下，毗邻东湖水库，占地约800亩，成立于2006年，系深圳市利用国有资本举办的事业单位、国家林业和草原局全国兰科植物种质资源保护中心（简称国家兰科中心）。

兰科中心建有兰科植物保护与利用国家林业和草原局重点实验室、深圳市濒危兰科植物保护与利用重点实验室，是世界自然保护联盟（IUCN）兰花专家组亚洲办公室所在地，是全国林草科普基地、广东省自然教育基地、广东省科普教育基地、广东省科技专家工作站、深圳市科普基地、深圳市自然教育中心等挂牌单位，也是广东省联合培养研究生示范基地、华南农业大学教学实习基地、博士后创新实践基地，与中国科学院等多家科研院所、大学、企业建立了合作关系。

科普活动（一）

科普活动（二）

基地特色

国家级兰科植物种质资源保育核心库区　库区占地约 300m²，模拟兰花野外生长的光照、温湿度、基质等环境，量身打造了一艘兰花的"诺亚方舟"，保育来自世界多地的珍稀濒危兰花超过 1700 种，160 多万株，被评为"全国十佳植物专类园区"，是国内最大的、种类最多的兰科植物保育基地。在这个库区可以近距离观察兰科植物的生态环境和形态特征，欣赏到千姿百态的原生态兰花，感受人与自然和谐相处的美景。

国家兰科植物自然历史博物馆　馆藏面积约 300m²，包括"长河拾馨""幽兰万象""生态习性""传粉策略""扬扬其芳""揭秘兰谜"六大部分，从兰科植物的系统演化，生态习性，地理分布，传粉策略，观赏、药用、文化和科研价值，以及中心开展的科学研究和取得的重大成果进行图文并茂的展示，传播科学思想。

特色兰花科普　依托中心特色的兰花资源、丰厚的科研成果，通过线上线下互动方式，面向市民持续稳定地开展兰谷探秘、兰花种植、兰花标本相框制作、兰花传粉等特色主题活动，传播科学思想和兰花文化，每年接待市民和中小学生近万人次，多项活动获得省市的表彰。

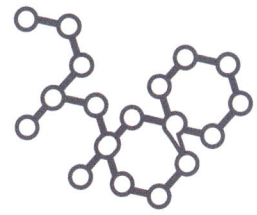

出行方案

- **基地地址：** 深圳市罗湖区望桐路 889 号兰科中心。
- **附近交通：** ①地铁站，3 号线翠竹站、田贝站；5 号线布心站、布吉站、太安地铁站；②公交站，兰科中心站。
- **接待时间：** 周二至周日（09:00—12:00；14:00—17:00）。
- **预约方式：** 预约电话：0755-25160725。

深圳珠宝博物馆

基地概况

深圳珠宝博物馆是国内第一家以珠宝为专题的公共博物馆，2019年10月正式开馆，位于深圳市罗湖区水贝一路金展珠宝广场3～4楼，建筑面积约2610m²，由深圳市罗湖区人民政府采用政府和社会资本合作模式建设而成，常设分别是自然之宝、物佩之美、设计之光、深圳之路、湾区之梦五大展区。特展区设于4楼，不定期开展精品专题展览。

深圳珠宝博物馆定位"一馆一库三中心"，"一馆"即国际化、数字化的当代珠宝博物馆；"一库"即珠宝产业大数据库；"三中心"分别为全球珠宝新品发布中心、粤港澳大湾区珠宝精品展示中心和高级珠宝定制体验中心。深圳珠宝博物馆在"一馆一库三中心"功能定位的基础上，突出"博产融合"的理念，更加注重与产业紧密结合，依托深圳珠宝产业优势，服务深圳珠宝产业发展。

深圳珠宝博物馆大厅

走遍身边的科普场馆——深圳篇
深圳珠宝博物馆

科普活动

基地特色

五大常设展区 通过五大常设展区沉浸式的展陈和氛围观赏认识珠宝原石、珠宝工艺、珠宝设计、珠宝历史、珠宝科技。

时空走廊 沉浸式时空走廊讲述宝石的形成和起源；宝石密语可用模块探索宝石的基本信息，走进宝石的历史传说，还可以解密生辰石。

科普活动 馆内常年开展肌理银戒指、手作扎染、宝石勋章、创造梦工坊、点画成金、多彩马赛克等科普活动。

出行方案

基地地址：深圳市罗湖区贝丽北路 20 号 3～4 楼。

附近交通：①地铁站，3 号线田贝地铁站（C 出口）；7 号线田贝地铁站（F 出口）。②公交站，翠竹大厦站。

接待时间：周二至周日 10:00—17:00（国家法定节假日除外）。

预约方式：预约电话：0755-82235656。

深圳市坪山区中山中学

基地概况

深圳市坪山区中山中学，位于美丽的马峦山下，以孙中山先生的名字命名，是一所高规格高起点的公办初级中学。学校以"玉德教育"为办学理念，以"少年养志、玉汝于成"为育人目标，以"办一所基于玉德传统文化的未来学校"为办学目标。2019年，中山中学通过深圳市办学水平评估，督导专家认定："中山中学是一所办学水平不断提升、充满希望的新优质学校，学校未来应该立足于5G、人工智能、STEAM教育等时代发展趋势，创建中国特色社会主义先行示范区的教育先进示范校"。

中山中学定位为建设一所面向未来的学校，校园环境设施魅力十足，全力建设科技科普教育校园，学校投入上百万资金，重点打造人工智能、沉浸式VR体验、脑波车科创擂台、海洋科普教育、绿园科普教育等科普项目，校园内已建成"一厅、两馆、三廊、四室、五园"的科普教育体验活动场所。独具特色的科普教育环境设施，为学校2000多名在校学生提供多元化科普体验，丰富多彩的科技创新教育活动，让学生真正体会玩耍中学习，活动中进步，快乐中成长。

深圳市坪山区中山中学外观图

基地特色

为了更好地开展科普教育活动，构建开放融合的科普教育生态，中山中学构建独特的科技创新"元宇宙"，形成了"一厅、两馆、三廊、四室、五园"的科普教育体验场所。

一厅 科幻厅，宇宙蓝的天花顶，排列着悟空号、墨子号等十大最新科技成果模型和《三体》电影中的水滴等科幻造型，以及紫微星座图，大厅里有3m多高的钢铁动漫擎天柱、招手欢迎的宇航员、超级科幻作品《未来城市》、以及开放式的物理体验箱、创客比赛大擂台等。

两馆 人工智能体验馆，有最受欢迎的9DVR体验机，每天学生排长队体验"惊奇"；中医药体验馆，学生可以体验中草药制作的全套流程。

三廊 诗经植物廊，种植了100种《诗经》中的植物，中医药文化长廊，医道、医术、医具一应俱全；科普廊时时更新，给同学们带来最新的科学技术知识，比如最新的科技成果和被"卡脖子"的35项核心技术，适时激发同学们的爱国情怀、远大志向和探究热情。

四室 STEM教室是政府投资建设引入的全新课堂，有3D打印、激光切割等先进设备；生态教室是楼顶露天生态学堂，便于学生边学边看边实践；创客教室和陶艺教室，各具特色。

五园 百花园、百草园、百蔬园、多肉园、药食园，3000m² 的学校楼顶场地被打扮得生机盎然，是生物课教学和学生社团活动的主要场所。五园已成为深圳市楼顶绿化样板典范，为学校科普教育注入无限生机。

科普活动

走遍身边的科普场馆——深圳篇
深圳市坪山区中山中学

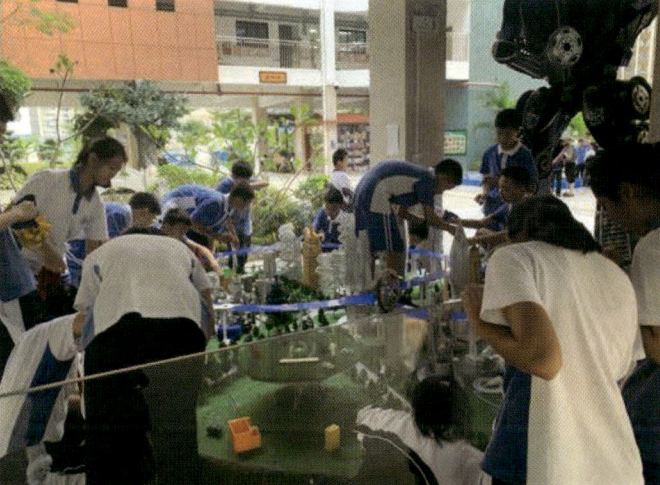

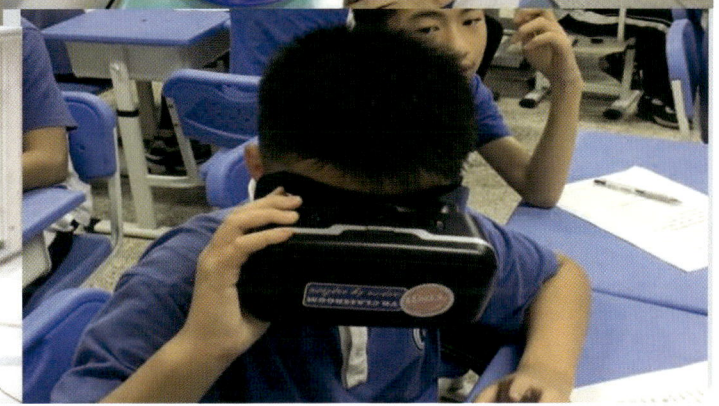

学生科技活动

出行方案

基地地址： 深圳市坪山区振环路4号。

附近交通： ①地铁站，14号线沙湖站；
②公交站，深业东城国际站。

接待时间： 周末、寒暑假。

预约方式： 预约电话：0755-28398878（工作日）和深圳市科普网线上预约。

力盟生命科普研学基地

基地概况

力盟生命科普研学基地位于深圳市坪山区国家生物产业基地，占地面积2400多平方米，荣获"广东省科普教育基地""深圳市科普基地""坪山区科普教育基地""坪山区中小学社会实践基地""坪山区儿童友好基地"等称号。基地与西安交通大学智能机器人重点实验室、深圳技术大学中德智能制造学院开展深入的产、学、研合作，配备多学科的专业化科普服务团队，面向各年龄段人群开展生动的科学普及教育、未来职业启蒙教育和学术交流活动。

力盟生命科普研学基地围绕生命起源、生命环境、动物繁殖、优生优育、人工智能五大主题开展科普活动。基地以实验实操的形式开展课程，从生命的起源感悟生命、敬畏生命、珍爱生命；以生命科学与人工智能的跨界融合加深青少年对科学与技术的认识，对职业启蒙教育起着积极的促进作用。

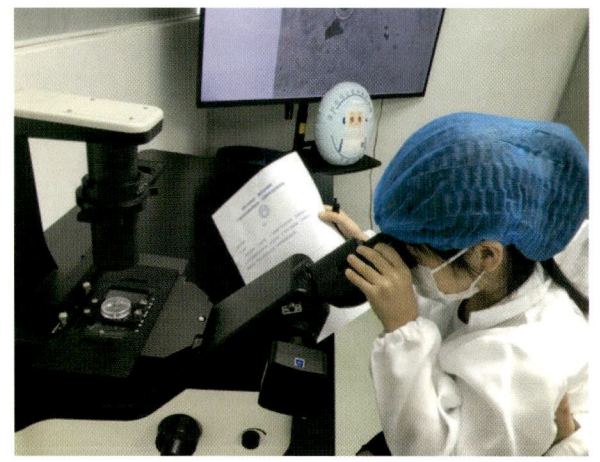

科普活动（一）

科普活动（二）

走遍身边的科普场馆——深圳篇
力盟生命科普教育基地

科普活动（三）　科普活动（四）

基地特色

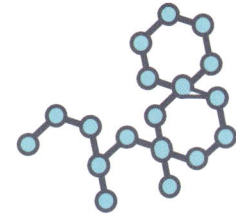

五大科普主题

包括生命起源、生命环境、动物繁殖、优生优育、人工智能五大科普主题，让人们了解生命的起源以及生殖健康，敬畏生命、保护生育力。

沉浸式场景

配套AI装备实验室、低温生育力保存实验室、环境检测实验室、胚胎实验室等，打造沉浸式科普场景。

趣味科普实验

探索生命的"微观世界"；亲手搭配胚胎发育的"房子"，了解"永生"的秘密，多重感官了解生命的奥秘。

亲子共学

科普基地开设分阶段的儿童青少年课程和成人课程，用科普知识拉近亲子间的距离。

科普活动（五）　　科普活动（六）

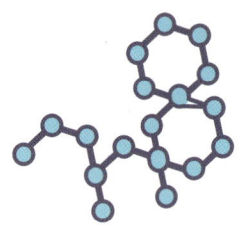

出行方案

- **基地地址：** 深圳市坪山区青兰二路金威源科技园 A 栋 604。
- **附近交通：** 公交站，聚龙花园站、聚龙山公园站。
- **接待时间：** 周一至周六 09:00—17:00。
- **预约方式：** 深圳市科普网网站预约；预约电话：0755-85292992。

深圳市 3D 打印制造业创新中心

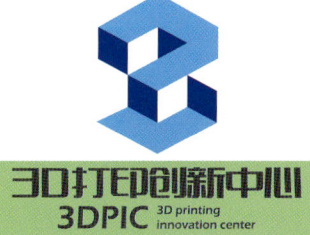

基地概况

深圳市 3D 打印制造业创新中心（简称创新中心）于 2017 年 9 月揭牌成立，位于深圳市坪山区，总建筑面积 2.5 万 m^2。位于创新中心一楼的深圳市 3D 打印创新博物馆是全国首家 3D 打印创新博物馆。该博物馆由工业和信息化部工业文化发展中心授权，深圳市光韵达增材制造研究院与北京三达经济技术合作开发中心合作设立。创新中心以增材制造（3D 打印）和三维文化为主题，建筑面积达到 $3000m^2$，内有常设展厅、主题展厅、三维立体时空走廊、全息投影互动展厅等，在承担 3D 打印作品收藏、数据收藏、展览展示、三维设计师聚集等平台角色功能的同时，也发挥着学校教育及社区教育宣传、学术研究与科研展示等作用。

深圳市 3D 打印制造业创新中心致力于培养学生的动手实践能力和创新精神，通过研学课程、动手实践活动等让学生全身心参与 3D 打印技术体验，在体验 3D 打印的过程中能更直观、更有效地了解 3D 打印技术，感受 3D 打印技术为人类带来的便利，同时培养学生在 3D 打印领域内的个性特长，发展学生的实践创新能力。

科普活动（一）

科普活动（二）

走遍身边的科普场馆——深圳篇
深圳市 3D 打印制造业创新中心

全息投影互动展厅

3D 打印展品

基地特色

3D 打印创新博物馆
近距离感受数个主题展厅所呈现的 3D 打印珍品以及 3D 打印材料、设备与技术。

全息投影互动展厅
通过多媒体方式了解 3D 打印给人类社会所带来的巨大改变。

3D 打印手工体验
用 3D 打印笔进行创作，感受 3D 打印所赋予的无穷创造力。

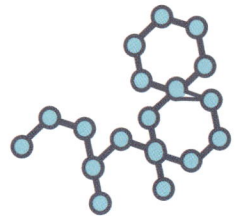

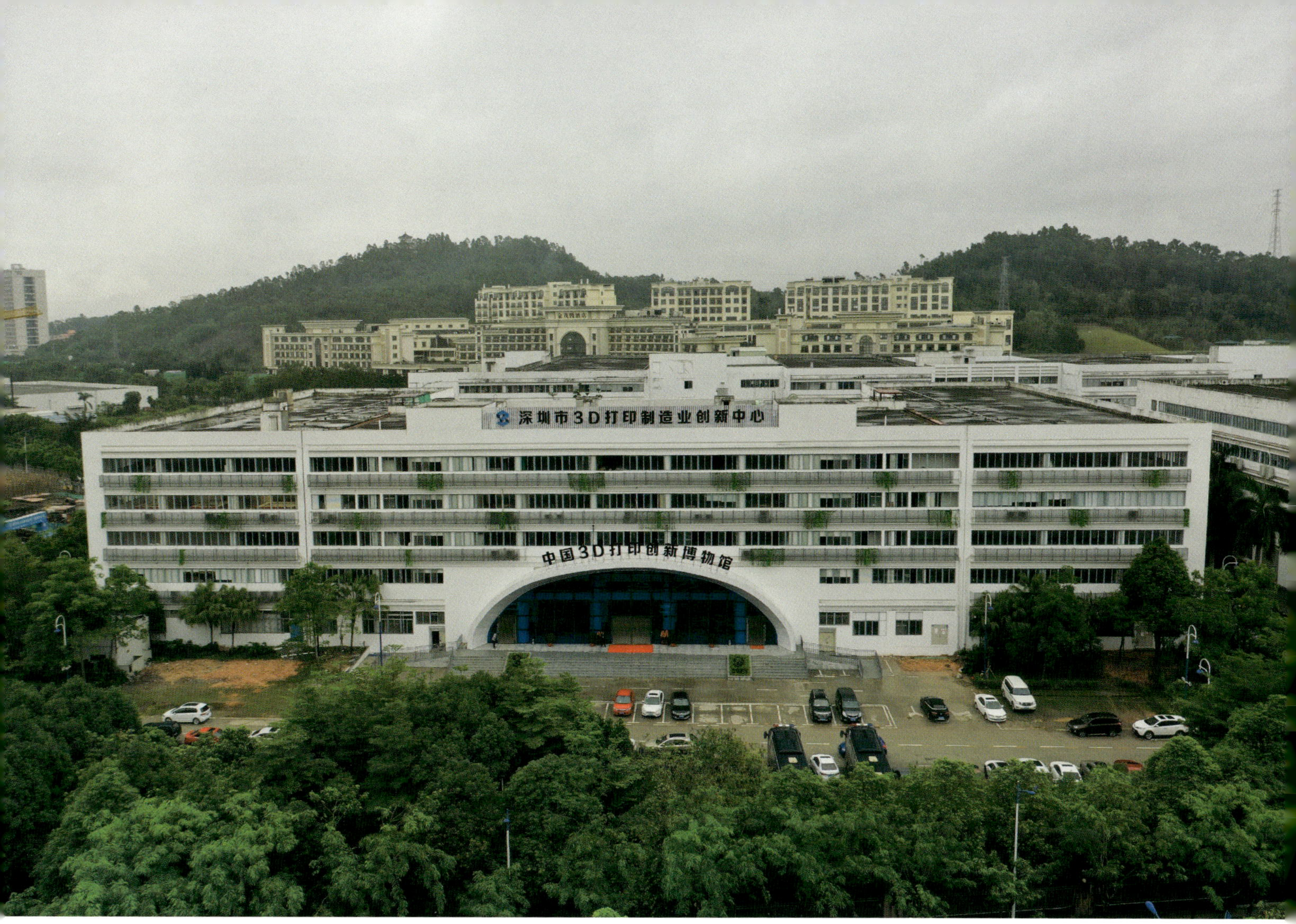

深圳市 3D 打印制造业创新中心外观图

基地地址： 深圳市坪山区坪山街道金兰四路 19 号。

接待时间： 周一至周五 09:00—17:00。

预约方式： 深圳市科普网网站预约；预约电话：0755-82923656。

齐心智慧产业实践科普基地

基地概况

齐心智慧产业实践科普基地本着开放共赢的核心理念，打造校企无围墙平台，通过对知名企业的参访学习，让新时代的青少年感受企业对社会的价值，思考企业和社会的关系，培养学生的社会责任感和民族荣誉感，积极践行社会责任。齐心智慧产业实践科普基地占地 600m²，有科普品牌展厅和产品展厅。学生通过参观齐心集团产业的产品生产环境，了解产品生产流程，对工业生产有基本认识。激发学生对人工智能时代背景下和智能社会工业生产的好奇心及求知欲。近年来，齐心集团在产品的 IP 合作上持续发力，更加贴合消费者多元化需求，重视为消费者提供年轻化、多元化、个性化的产品体验，与"QQfamily""孔子爷爷""米团儿"等人气 IP 达成合作，设计与研发符合消费升级趋势的 IP 产品。

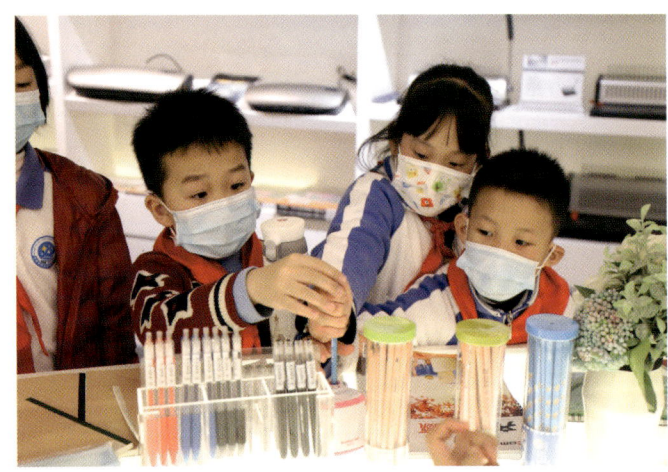

科普活动（一）

科普活动（二）

走遍身边的科普场馆——深圳篇
齐心智慧产业实践科普基地

科普活动（三）

科普活动（四）

科普活动（五）

基地特色

科普品牌展厅

齐心集团作为文具行业的领导品牌，是国内最早上市成功的文具行业企业。齐心已成为著名商标，品牌价值数亿。通过参观品牌展厅，学生可了解企业发展历程、业务板块、企业社会责任，等等。

产品展厅

产品展厅里展示了企业办公、党政办公、智能办公、家庭生活、学生学习等多种场景的产品。通过参观，学生可了解产品的设计思路、产品背后动人的故事以及其中蕴藏的文化底蕴。

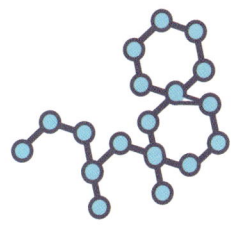

191

齐心智慧产业实践科普基地外观图

出行方案

- **基地地址：** 深圳市坪山区锦绣中路 18 号齐心科技园。
- **附近交通：** 公交站，齐心科技园站。
- **接待时间：** 周一至周五 09:00—17:00。
- **预约方式：** 深圳市科普网网站预约；预约电话：0755-66829999-8575。

国大生命科学研究院

基地概况

国大生命科学研究院（简称国大生命）是一家专业从事再生医学研究和细胞药物及技术研发的生物高科技企业。公司拥有符合国际标准的CGMP生产研发基地及国内领先的科普教育场馆——国大生命科学馆。国大生命积极投身开展青少年科普教育工作，被深圳市科学技术协会认定为深圳市科普基地。

国大生命生产研发基地建筑面积达2000m^2，包括细胞制剂制备和生产的B级和C级实验室、细胞研发实验室、细胞制剂及产品质量检测实验室、符合AABB国际标准的成体细胞库等。各实验室设置有专门的参观通道，可让参观者观摩细胞生产的全过程。国大生命科学馆建筑面积约1200m^2，全馆集科学、艺术和人文为一体，采用三维立体动画、互动投影等多媒体手段，运用通俗易懂的语言，为参观者呈现前沿生命科技的发展成果给人类生命健康带来的巨大影响。国大生命主办的"科学神探"研学营活动以细胞科学为主题，寓教于乐，为青少年科普细胞科学知识，并得到了青少年、家长及社会各界高度认可。

国大生命科学研究院内景图

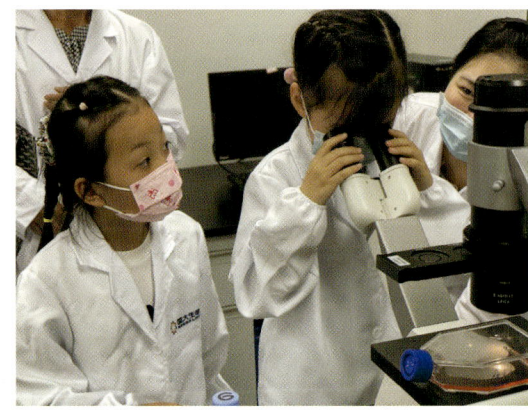

细胞观察科普活动

 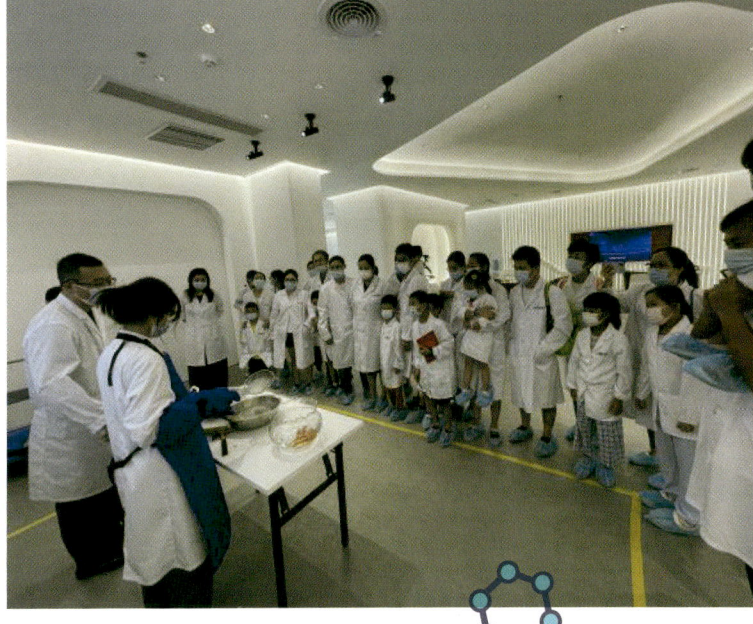

互动游戏　　金鱼复苏实验

基地特色

国大生命科学馆　　展馆的设施设备以声光电相结合为特色，同时设计了多款人文艺术类景观，如热带雨林、麦田里的守望者。展馆展示内容聚焦细胞科学，运用通俗易懂的语言、动画等形式解读细胞科学的奥秘，使小朋友们在基地不但能学到丰富的细胞科学知识，而且能欣赏到生命的美景。

国大生命生产研发基地　　该基地拥有专业的科普讲解，还设计身临其境的细胞观察实验和金鱼复苏实验让小朋友亲近科学，了解真正的科学家在实验室里是如何做科学研究的。

科普讲座及互动游戏　　通过设计适合青少年的细胞科学课程和各类亲子游戏，让青少年在玩的过程中学习知识，促进家长与小朋友的互动，增强家庭的互动体验感。

国大生命科学研究院外观图

出行方案

- **基地地址**：深圳市大鹏新区国际生物谷生命科学产业园 3M 栋。
- **附近交通**：公交站，生命科学产业园站。
- **接待时间**：周一至周五 09:00—17:30，参观需提前预约。
- **预约方式**：通过"国大生命科学"官网和微信公众号线上预约。

深圳大鹏半岛国家地质自然公园

基地概况

深圳大鹏半岛国家地质自然公园是深圳市唯一的国家级地质公园,公园面积46.07km²。公园森林覆盖率98%,自然资源丰富,亿万年前的古火山遗迹、优美的海岸地貌、上千种植物、200余种动物,使这里成为开展自然教育的天然课堂。公园目前主要依托公园博物馆和两条登山科考线开展自然教育活动,相继获评"国土资源科普基地""广东省科普教育基地""广东省自然教育基地""广东省中小学生研学实践教育基地""深圳十佳科普基地"等称号。

深圳大鹏半岛国家地质自然公园博物馆外观图

走遍身边的科普场馆——深圳篇
深圳大鹏半岛国家地质自然公园

基地特色

地质一日研学营 通过实地探访七娘山古火山和地质自然公园博物馆,感受地质遗迹景观的神奇与震撼,了解深圳及地球亿万年的演化故事。

我做一日护林员 跟随地质自然公园护林员,参观消防仓库,实操森林消防工具,学习森林防火知识,提高市民护林防火意识,形成全民爱林、护林的社会氛围。

七娘山溪自然探索之旅 围绕沿途珍奇动物、植物以及奇特的地质现象等,采用导赏、体验与自然笔记等多种互动形式,拉近孩子们与自然的距离,直接感受原生自然的魅力。

小小讲解员 通过开展"小小讲解员"活动,让博物馆成为传播科普知识和展示个人风采的舞台,同时也与周边学校建立长期合作,定期组织学生开展科普教育工作。

出行方案

基地地址: 深圳市大鹏新区南澳新大地质公园路1号。

附近交通: 公交站,国家地质公园站。

开馆时间: 周二至周五 09:30—16:30(16:00 停止入馆),
休息日、法定节假日 09:30—17:30(17:00 停止入馆);
登山道开放时间:06:30—16:00(为保障游客安全,台风、雷雨天禁止登山)。

闭馆时间: 每逢周一闭馆(法定假日除外),法定节假日及节后闭馆时间另行通知。

预约方式: 免预约、免门票。

中国农业科学院深圳农业基因组研究所

基地概况

中国农业科学院深圳农业基因组研究所（简称基因组所），位于广东省深圳市新规划的东部大鹏半岛滨海旅游度假区鹏城片区腹地，深圳市先后提供了1340亩农田、377亩农业用地和160亩国有储备用地分别作为试验农田、生态储备和备用水源地。基因组所在完成科学研究等本职工作的同时，一直积极主动履行科研院所的社会服务职责，自2017年以来，基地接待参观人次约5万人，将继续围绕凸显"儿童友好+""农业科普+""智慧农业+"的概念，打造试验基地科普的3个一：一套课程教材，一个智慧教室，一套互动体系。

中国农业科学院深圳农业基因组研究所外观图

走遍身边的科普场馆——深圳篇
中国农业科学院深圳农业基因组研究所

基地特色

智慧农场

大鹏菊花展 菊花展是基因组所在开展科研任务的同时，提供的集菊花科普和观赏于一体的公益活动。1800余种各色菊花争奇斗艳，呈现出"水韵共青潆幽幽，尽是菊花香溢溢"的美妙景致，为初冬献上浓墨重彩的一笔。

美味番茄主题体验 "深爱"系列小番茄意为深圳的爱，始于2018年深圳基因组所番茄育种团队培育的非转基因品种，经过多年多次消费者品尝实验，受到一致好评。番茄科普课堂、栽培种植体验、无土栽培设施参观，不仅让参观者品尝科学家培育的美味番茄，还能学习小小番茄身上丰富的生物学知识。

"优薯计划" 2021年6月《细胞（Cell）》杂志上在线发表了"优薯计划"取得里程碑式突破的研究进展成果，该计划由中国农业科学院深圳农业基因组所所长黄三文的团队发起，利用"基因组设计"的理念和方法开展杂交马铃薯育种，实现马铃薯种子替代马铃薯块繁殖，2克种子可以替代200千克薯块。

昆虫科技馆 深圳昆虫科技馆由中国农业科学院深圳农业基因组研究所主持，涵盖4个不同展区，分别为昆虫知识区、昆虫与农业、昆虫与人类以及昆虫科学发展历程，以满足广大市民和中小学生科普教育的需求，营造科学文化氛围。

出行方案

基地地址： 广东省深圳市大鹏新区鹏飞路7号；
（科研农田地址）广东省深圳市大鹏新区鹏飞路43号。

附近交通： 可乘坐833、E11、M471、M232、M231、M321、M457路和大鹏假日专线1、4路。

接待时间： 预约确认。

预约方式： 通过深圳科普网预约或通过电话预约。
预约电话：0755-83231245。

广东海洋大学深圳研究院

基地概况

广东海洋大学深圳研究院位于深圳市大鹏新区国家生物产业园，是深圳市大鹏新区管理委员会与广东海洋大学共同举办的深圳市属事业单位，致力于开展海洋科学研究和科技成果推广，提供科技服务，培养海洋人才。

2017年4月7日，研究院成立了"海洋大学堂"海洋科普教育机构，2019年7月30日，研究院组建"知珊瑚"海洋科普教育组织，通过普及海洋知识，树立海洋环保意识，为保护海洋贡献出一份力量。围绕"海洋+教育+旅游"的创新教学模式，打造融合海洋、教育、旅游、生态、文化于一体的科普教育平台，通过广东海洋大学深圳研究院的科技支撑，打造全国海洋特色教育品牌。研究院科普团队依托于优质师资及技术支持，拥有稳定的涉海专家教授顾问和团队执行策划人员，拥有较丰富的生态教育资源及教育体验互动服务和设施，研究院每年在全国珊瑚保育中心（占地8000m²）及国家生物产业园海洋科普展厅开展海洋科普宣教活动。

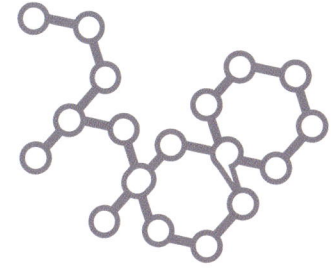

广东海洋大学深圳研究院外观图

基地包含六个基本功能区域：水生野生动物救护区、珊瑚有性繁殖室、珊瑚无性繁殖室、珊瑚礁生态修复研发室、珊瑚礁生物繁育区、集装箱循环水养殖示范区。

作为全国海洋珍稀濒危野生动物救护网络、珊瑚及珊瑚礁海洋生物救护基地和广东省水生野生动物救护基地，积极组织和参与海龟、江豚等海洋生物救助和野放、生态补偿增殖放流行动。截止目前累计救护多只海龟，其中玳瑁2只，赤蠵龟1只，绿海龟21只。绿海龟属于国家一级保护动物。

基地现保存标本共32件，其中包括国家一级保护动物中华鲟标本，以及若干国家二级保护动物标本。

基地特色

出行方案

- 基地地址：深圳市大鹏新区大鹏街道布新社区滨海二路3号A栋。
- 附近交通：可搭乘M457/M423公交车至海洋生物产业园。
- 接待时间：周二至周日 09:00—18:00。
- 预约方式：预约电话：0755-89381149；微信公众号"知珊瑚"线上预约。

华大海洋生物产业创新示范科普教育基地

基地概况

华大海洋生物产业创新示范科普教育基地配有工厂化循环水养殖系统 2 套，占地面积约 900m^2，主要用于水生动物的保种育种及生产，循环水养殖系统配有蓄水池、源水处理系统、隔离池、循环水处理系统（包括微滤机、紫外灯、生化池、蛋白质分离器等）。基地养殖品种覆盖海水、淡水，如石斑鱼、加州鲈鱼、南美白对虾、鲷科鱼类、青蟹、龟鳖等多个经济品种；展示工厂化养殖全过程，同时也可展示水生生物生长全过程（亲本培育、产卵、孵化、标粗、养成）。基地另设有展出标本 40 余种，图文 100 余册。能够全方位承担海水增养殖种苗繁育、种质遗传及保护、病害防治和养殖水质环境调控等多类型技术的科普与培训工作。

科普活动（一）

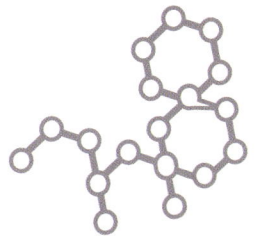

科普活动（二）

基地特色

科普基地临近海岸，具有丰富的海洋生物资源，可近距离观察和采集海岸带海洋生物。

作为产学研用一体化发展的综合科技型集团公司，华大海洋依托海洋研究院成立广东海洋经济动物种业工程技术中心，便于开展海、淡水鱼类工厂化养殖及鱼类育种知识的普及。

团队具有多位专业领域专家开展科普工作，配套展示海洋生物活体、标本、图文、VR等多样化形式，可系统地展示广东省海洋生物资源的多样性、应用前景及学科前沿信息。

出行方案

基地地址： 深圳市龙岗区大鹏街道大鹏新区鹏飞路310号大鹏临海海洋生物产业创新基地。

附近交通： 公交站，近榕树坑站，步行至目的地约15分钟（建议驱车前往）。

接待时间： 09:00—17:30（工作日）。

预约方式： 预约电话：0755-89776676。

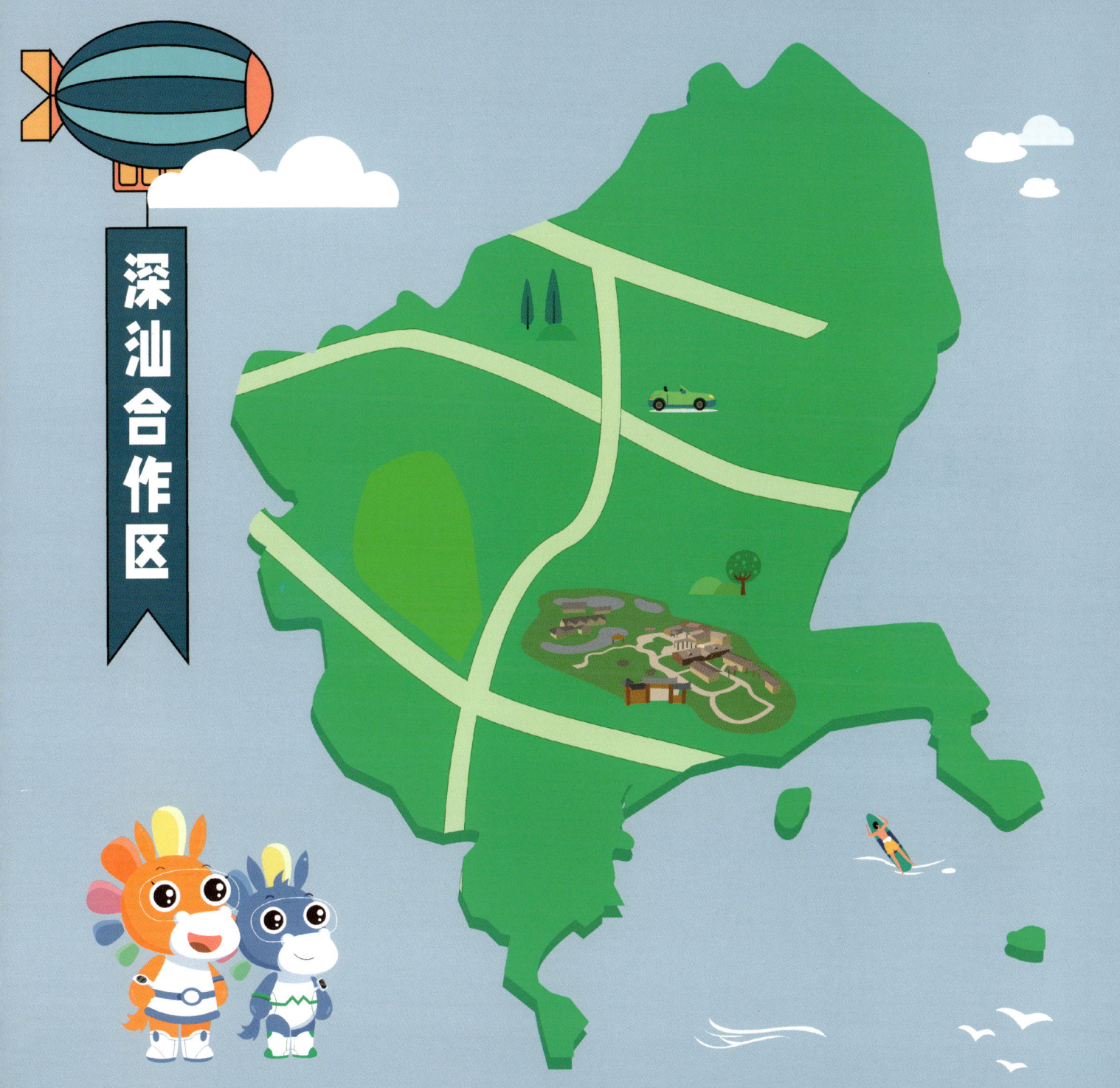

天子山农业公园

基地概况

　　天子山农业公园（也叫"润生农园"），是青少年农耕实训基地，基地面积 2356 亩，集种植、养殖、加工（精深加工）、文化创意、休闲观光于一体，依托优异的农业观光资源、环境、农业基础设施和便利的交通条件，2017 年 6 月，经广东省农业厅、广东省旅游局评定为广东省休闲农业与乡村旅游示范点；2017 年 11 月，经国家农业部、广东省农业厅专家考核，被广东省农业厅授予第一批"广东省农业公园"称号；2018 年 2 月被评为"广东省菜篮子工程基地"称号；2019 年在广东省农业公园复审中被评为 AAA 级农业公园；2020 年 7 月，被广东省教育厅评为广东省中小学生研学教育基地。

　　作为广东省农业公园、休闲农业和乡村旅游示范点，天子山农业公园拥有完善的农业观光配套设施，园区共分为农耕文化园区、蔬菜和花卉景观区、餐饮接待区、特色民宿区、有机水果采摘区、农业科普教育区 6 个主要功能区。观光接待能力可达 4000 人 / 次，餐饮接待能力可达 800 人 / 次。

天子山农业公园鸟瞰图

科普活动

基地特色

拥有完善的农业观光配套设施。天子山农业公园园区共分为农耕文化园区、蔬菜和花卉景观区、餐饮接待区、特色民宿区、有机水果采摘区、农业科普教育区 6 个主要功能区，观光接待能力可达 4000 人次，餐饮接待能力可达 800 人次。

农业文化景观、建筑设施独具一格。天子山农业公园配套设施齐全，在 2020 年广东省教育厅关于广东省中小学生研学教育实践基地的评审中获评"传承优秀传统文化、革命传统教育"的称号，并被认定为广东省中小学生研学实践基地。

走遍身边的科普场馆——深圳篇
天子山农业公园

研学教育（一）

研学教育（二）

出行方案

- 基地地址：深圳市深汕特别合作区赤石镇大安村。
- 附近交通：自驾前往，导航搜索"天子山农业公园""润生·天子山酒店"即可到达。
- 接待时间：全年开放（开放时间：09:00—20:00）。
- 预约方式："天子山农业公园"微信公众号和官网预约。